coleção
**Resistência
dos Materiais
NA PRÁTICA**

MÓDULO 10

Thiago Bomjardim Porto

PROVAS DE
**CONCURSOS
PÚBLICOS
E ENADE (MEC)**

resolvidas e
comentadas

oficina de textos

© Copyright 2023 Oficina de Textos

Grafia atualizada conforme o Acordo Ortográfico da Língua Portuguesa de 1990, em vigor no Brasil desde 2009.

CONSELHO EDITORIAL Aluízio Borém; Arthur Pinto Chaves; Cylon Gonçalves da Silva; Doris C. C. K. Kowaltowski; José Galizia Tundisi; Luis Enrique Sánchez; Paulo Helene; Rosely Ferreira dos Santos; Teresa Gallotti Florenzano

CAPA Malu Vallim
PROJETO GRÁFICO E DIAGRAMAÇÃO Raniere Gonçalves de Lima
REVISÃO TÉCNICA Prof. Antônio Pires Azevedo Júnior
IMPRESSÃO E ACABAMENTO Mundial gráfica

Dados Internacionais de Catalogação na Publicação (CIP)
(Câmara Brasileira do Livro, SP, Brasil)

Porto, Thiago Bomjardim
  Resistência dos materiais : módulo 10 / Thiago Bomjardim Porto. -- 2. ed. -- São Paulo : Oficina de Textos, 2023.

  ISBN 978-65-86235-94-4

  1. Engenharia de estruturas e fundações 2. Estruturas - Análise (Engenharia) I. Título.

23-158813   CDD-624.17

Índices para catálogo sistemático:
1. Engenharia de estruturas 624.17

Aline Graziele Benitez - Bibliotecária - CRB-1/3129

Todos os direitos reservados à **Oficina de Textos**
Rua Cubatão, 798
CEP 04013-003 São Paulo Brasil
tel. (11) 3085-7933
www.ofitexto.com.br   e-mail: atendimento@ofitexto.com.br

DEDICATÓRIA

*Aos mestres e amigos Antônio Carlos Nogueira Rabelo,
Armando Cesar Campos Lavall, Estevão Bicalho Pinto
Rodrigues, José Márcio Fonseca Calixto e
Pedro Vianna Pessoa de Mendonça,
eméritos conhecedores da Engenharia de Estruturas,
aos quais devo parte de meu saber;*

*Aos meus Pais, Alberto Bomjardim Porto e
Maria Margarida Bomjardim Porto,
pelo legado e carinhoso afeto;*

*Aos meus irmãos, Luiz Alberto Bomjardim Porto
e Paulo Roberto Bomjardim Porto, pela amizade
verdadeira de tantos anos;*

*À minha amada esposa e amados filhos,
verdadeiros amigos e companheiros da minha vida;*

*Enfim, dedico esta obra a todos os colegas
que se iniciam nesta desafiadora e cativante
especialidade e que tem o forte desejo de vencer.*

Thiago B. Porto

AGRADECIMENTOS

Gostaria de expressar meus mais sinceros agradecimentos a todos aqueles que contribuíram de alguma forma para a realização deste livro científico e de destacar a importância e o impacto positivo que cada colega e colaborador teve no desenvolvimento deste trabalho. Suas valiosas contribuições, discussões e insights foram fundamentais para enriquecer o conteúdo desta obra. Também sou grato aos meus familiares e amigos por seu constante incentivo e apoio emocional. Reconheço que o apoio de cada pessoa envolvida foi essencial e aprecio profundamente seu comprometimento neste projeto.

Este projeto está concluído, mas o livro didático de Resistência dos Materiais não se encerra nesta edição. Espero que ele possa ser aperfeiçoado em edições futuras, por meio do envio de críticas e sugestões por parte dos leitores (professores, estudantes e engenheiros). Aqueles que assim o fizerem recebam também, desde já, os meus sinceros agradecimentos.

Thiago B. Porto

APRESENTAÇÃO

Thiago Bomjardim é engenheiro experiente no cálculo estrutural de edificações de concreto armado e também professor apaixonado pela Engenharia de Estruturas, com oratória entusiasmada que excede a sala de aula e enche o corredor com seu discurso didático.

Acredito que a combinação de experiência e paixão foram os dois elementos essenciais na construção desse livro, que contém explicações diretas, mas sem perda do rigor teórico, seguidas de aplicações na resolução de inúmeros exercícios. A meu ver, tal metodologia é imprescindível no ensino da Engenharia de Estruturas.

O livro abrange toda a matéria de Resistência dos Materiais necessária ao ensino na Engenharia Civil, das propriedades das seções transversais aos métodos de energia. Ao final, ainda existe um último módulo contendo resoluções comentadas de exercícios advindos de provas de concursos públicos e do Enade.

Recomendo o uso deste livro aos alunos, como meio de exercitar seus conhecimentos, e recomendo também aos professores, como forma de concatenar suas explicações teóricas e também como fonte de exercícios.

Prof. Antônio Ribeiro de Oliveira Neto
Departamento de Engenharia Civil e Meio Ambiente - DECMA
Centro Federal de Educação Tecnológica de Minas Gerais - CEFET MG

PREFÁCIO

Este livro procura fornecer explicações claras, com profundidade adequada, dos princípios fundamentais da Resistência dos Materiais. O entendimento desses princípios é considerado uma base sobre a qual se deve construir a experiência prática futura na Engenharia de Estruturas.

Admite-se que o leitor não possui conhecimento prévio sobre o assunto, mas possui bom entendimento da Mecânica Newtoniana.

Não se pretendeu elaborar um manual, nem um trabalho puramente científico, mas um livro texto, um guia de aula, rico em exemplos brasileiros. Outra preocupação foi que aspectos polêmicos não fossem considerados, mas que, ao contrário, fossem abordadas as técnicas e os métodos reconhecidos e aceitos em nosso meio técnico.

O livro tornará a "temida" Resistência dos Materiais mais acessível a todos, permitindo que o leitor envolva-se com a fantástica e singular capacidade da Engenharia de Estruturas de transferir conhecimentos e informações sobre materiais, concepção estrutural, dimensionamento e detalhamento de peças, antecipando comportamentos e proporcionando economia e segurança às estruturas civis.

O livro foi feito para estudantes e profissionais juniores e, tanto quanto possível, embasado numa linguagem simples e direta, evitando o jargão científico. Permitirá, entretanto, que profissionais experientes, porém não familiarizados com determinada área de atuação da Engenharia de Estruturas, nele encontrem os conhecimentos essenciais e, por meio da bibliografia recomendada de cada módulo, elementos suficientes para se aprofundarem no assunto.

Este livro não tem a pretensão de esgotar o vasto e complexo campo da Resistência dos Materiais, nem constituir um estado da arte sobre assunto tão amplo. Ao escrevê-lo, fui movido por duas metas básicas: propiciar uma objetiva literatura técnica brasileira sobre a Resistência dos Materiais aos alunos e colegas de trabalho Engenheiros e Arquitetos e orientar os profissionais de cálculo estrutural na melhor forma de aplicar os conhecimentos de Engenharia de Estruturas em prol de projetos de Engenharia mais seguros e econômicos.

Dessa forma, o livro representa uma modesta contribuição brasileira no sentido de aprimorar cada vez mais os conceitos relacionados à Resistência dos Materiais e suas aplicações em análise e concepção estrutural.

Desejo bom proveito a todos os leitores, professores, estudantes e profissionais, pois são vocês, em última análise, aqueles que farão, com certeza, a melhor avaliação do resultado alcançado.

Por se tratar de um livro texto introdutório à Resistência dos Materiais, utilizei o seguinte sistema: cada módulo inicia-se com um resumo dos conceitos teóricos básicos fundamentais para o entendimento do assunto e, na sequência, um conjunto de exercícios resolvidos com a aplicação da teoria apresentada. Em seguida, são apresentados vários exercícios propostos com o objetivo do leitor consolidar os conhecimentos aprendidos.

Enfim, a melhor satisfação para quem traça um plano é ver seus projetos realizados. Este livro é a realização de um antigo projeto que se concretiza.

O autor coloca-se à total disposição para a solução de problemas particulares de Resistência dos Materiais, disponibilizando sua experiência como Engenheiro Calculista, adquirida em mais de uma centena de projetos de Engenharia em todo o Brasil e América Latina.

Thiago B. Porto

PREFÁCIO AO MÓDULO 10

Com a publicação do módulo 10 desta coleção (Provas de concursos públicos e Enade (MEC) resolvidas e comentadas) terminamos com muita alegria a "coleção Resistência dos Materiais NA PRÁTICA". Foi uma tarefa ao mesmo tempo árdua e bastante prazerosa. Tenho certeza que cada minuto de sono perdido será compensado pela alegria da comunidade acadêmica em receber esse material cuidadosamente preparado que, acredito eu, ser inédito nas Engenharias.

Espero que o leitor tenha encontrado apoio teórico suficiente para suas dúvidas relacionadas à Engenharia de Estruturas, em particular, Resistência dos Materiais, Teoria das Estruturas e Mecânica dos Sólidos Aplicada.

Ao final do livro (Apêndice 2), dez perguntas foram cuidadosamente respondidas no intuito de preparar melhor o "jovem concurseiro". O que é o regime CLT e o regime estatutário, o que é quinquênio e quais são os melhores concursos públicos para engenheiros no Brasil são algumas dessas perguntas.

Além disso, espero que esse módulo possa ser aperfeiçoado em edições futuras, por meio do envio de críticas e sugestões por parte dos leitores (professores, estudantes e engenheiros). Os comentários dos leitores podem ser encaminhados para o email thiago.porto@cefetmg.br.

Thiago B. Porto

SUMÁRIO

10.1 ENADE (MEC) 11
    10.1.1   ENADE Engenharia Grupo I 11
        10.1.1.1   ENADE 2011 12
        10.1.1.2   ENADE 2008 16
        10.1.1.3   ENADE 2005 23
    10.1.2   ENADE Engenharia Grupo III 28
        10.1.2.1   ENADE 2011 29
        10.1.2.2   ENADE 2008 33
        10.1.2.3   ENADE 2005 35
    10.1.3   ENADE Arquitetura e Urbanismo 39
        10.1.3.1   ENADE 2011 39
        10.1.3.2   ENADE 2008 51
        10.1.3.3   ENADE 2005 64
    10.1.4   Questões Discursivas 73
        10.1.4.1   ENADE Engenharia Grupo I 73
        10.1.4.2   ENADE Engenharia Grupo III 79

10.2 PROVAS DE CONCURSOS 83
    10.2.1   Petrobrás 84
        10.2.1.1   Engenheiro Civil Júnior (2012) 84
        10.2.1.2   Engenheiro de Equipamentos Júnior - Mecânica (2012).......91
        10.2.1.3   Engenheiro Civil Júnior (2011) 96
        10.2.1.4   Engenheiro Civil Júnior (2010) 103
        10.2.1.5   Engenheiro Civil Pleno (2006) 113
        10.2.1.6   Engenheiro Civil Júnior (2005) 122
        10.2.1.7   Engenheiro Civil Pleno (2005) 126
    10.2.2   PBH 134
        10.2.2.1   Superintendência de Limpeza Urbana (SLU)
                    Concurso Público / Edital n. 01/2011 134
        10.2.2.2   Engenheiro, Arquiteto e Geógrafo
                    Engenheiro / Civil
                    Concurso Público / Edital n. 06/2011 141
    10.2.3   ANAC 143
    10.2.4   INFRAERO
        Engenheiro Civil Estruturas/Edificações 148
    10.2.5   TRT
        Tribunal Regional Federal da 4ª região 153
    10.2.6   METROREC
        Engenheiro Civil Calculista 156
    10.2.7   Polícia Civil de Minas Gerais 161
        Prova Tipo A 162

APÊNDICES 165
    APÊNDICE 1 165
    APÊNDICE 2 169
REFERÊNCIAS 172

Biografia
JOSÉ DE MIRANDA TEPEDINO
(1929-1994)

José de Miranda Tepedino nasceu em Além Paraíba, Minas Gerais, no dia 28 de Novembro de 1929.

Graduou-se em Engenharia Civil, Minas e Metalurgia na Universidade Federal de Ouro Preto (UFOP) em 1954.

Nos primeiros anos da vida profissional de engenheiro, trabalhou no ramo de execução de estacas no Rio de Janeiro, passando em seguida a atuar em projetos de estruturas de concreto e fundações, já em Belo Horizonte - MG. Atuou como engenheiro consultor em importantes empresas de projeto do país.

Foi professor Catedrático na Universidade Federal de Ouro Preto (UFOP) e também lecionou nos cursos de graduação e pós-graduação da Escola de Engenharia da Universidade Federal de Minas Gerais (UFMG).

Desenvolveu nos anos 80 inovadores métodos de calculo de seções de concreto armado, de lajes, de vigas em base elástica e de estaqueamentos, os quais desde então vêm sendo utilizados em cursos de engenharia e em projetos de estruturas por profissionais que atuam na área.

Tepedino morreu em Belo Horizonte no dia 16 de Dezembro de 1994.

10.1 ENADE (MEC)

"O Exame Nacional de Desempenho de Estudantes (ENADE) avalia o rendimento dos alunos dos cursos de graduação, ingressantes e concluintes, em relação aos conteúdos programáticos dos cursos em que estão matriculados. O exame é obrigatório para os alunos selecionados e condição indispensável para emissão do histórico escolar. A primeira aplicação ocorreu em 2004 e a periodicidade máxima da avaliação é trienal para cada área de conhecimento." Fonte: MEC

O ENADE representa uma importante forma de avaliação e monitoramento de relação ensino-aprendizagem, tornando-se referência para a classificação da instituição ou do curso dentro dos padrões estabelecidos pelo MEC, que garantem a qualidade e excelência daquela relação.

O monitoramento da instituição ou do curso pelo ENADE é feita pelo índice de qualidade, que classifica a instituição ou curso por meio de uma nota que varia de 0 a 5 pontos. São consideradas satisfatórias instituições ou cursos que obtém notas iguais ou superiores a 3. Instituições ou cursos com notas inferiores a 3 são consideradas insatisfatórias pelo MEC, sendo penalizadas caso a instituição ou curso não atinja a nota mínima em duas avaliações consecutivas. As penalidades variam desde a redução do número de alunos ingressantes à suspensão definitiva do curso ou mesmo ao fechamento da instituição de ensino.

É importante ressaltar também que a realização do ENADE pelo aluno é indispensável e obrigatória à sua formação.

Neste material foram reunidas questões envolvendo Engenharia Estrutural, de provas de Engenharia do Grupo I e III e Arquitetura e Urbanismo, com comentários de cada item da questão.

10.1.1 ENADE ENGENHARIA GRUPO 1

O Grupo I de Engenharia para o ENADE, compõe-se das seguintes Engenharias: Engenharia Cartográfica, Engenharia Civil, Engenharia de Agrimensura, Engenharia de Recursos Hídricos e Engenharia Sanitária.

10.1.1.1 ENADE 2011

> **Questão 10.1 (ENADE 2011)**

Figura 10.1 - Ponte da Normandia
(vão central 856 m)

Figura 10.2 - Ponte do estreito de Akashi
(vão central 1991 m)

Fonte: ENADE (2011) *Fonte: ENADE (2011)*

Considerando as fotos apresentadas acima, avalie as afirmações seguintes:

I. A ponte pênsil de cabo retilíneo é mais eficiente que a de cabo curvo.
II. A ponte pênsil tem um cabo principal e outros secundários, pendurados nesse cabo, segurando o tabuleiro.
III. O Brasil tem muitas pontes estaiadas e as que hoje estão sendo construídas são as de melhor técnica existentes em todo o mundo.
IV. O Brasil tem poucas pontes estaiadas, pois entrou um pouco tarde nessa tecnologia, mas, por esse fato, aproveitou os melhores exemplos, tecnologias e materiais.
V. A ponte estaiada tem vários cabos ligados a um mastro sustentando o tabuleiro, esses cabos são todos semelhantes e de igual importância para apoiar o tabuleiro.

É correto apenas o que se afirmam em:

(A) II e IV.
(B) I, II e III.
(C) I, III e V.
(D) I, IV e V.
(E) II, IV e V.

Errata: Há uma incorreção em relação a questão acima do ENADE: as legendas das figuras das pontes estão invertidas, sendo que o modo correto seria figura 10.1 "Ponte do estreito de Akashi (vão central 1.991 m)" e a figura 10.2 "Ponte da Normandia (vão central 856 m)".

Resposta:

A alternativa correta é a letra (E).

Comentário:

Uma ponte estaiada, conforme pode se observar na figura 10.2, é uma estrutura formada por um tabuleiro, por sistema de cabos, por torres ou pilares e por blocos de ancoragem. Neste modelo estaiado, os esforços são absorvidos pela parte superior do tabuleiro, por meio de cabos que são ligados a um mastro apoiado em um bloco de fundação. Os cabos são todos semelhantes e de igual importância para segurar o tabuleiro, já que a estrutura trabalha em conjunto. Em uma ponte de tabuleiro suspenso do tipo pênsil, conforme a figura 10.1, é diferente, pois há um cabo principal e outros secundários, pendurados neste cabo, segurando o tabuleiro. Nas obras de estruturas estaiadas utilizam-se tecnologias avançadas, as mais desenvolvidas em pontes, em termos de dificuldades técnicas para o cálculo e métodos construtivos. O Brasil tem poucas pontes estaiadas pois entrou um pouco atrasado nesta tecnologia, mas por esse fato aproveitou os melhores exemplos, tecnologias e materiais. As que estão sendo construídas no Brasil se comparam as de melhor técnica existentes em todo o mundo.

Dessa maneira analisando as afirmativas têm-se:

I.   (F); *Não existe cabo principal retilíneo em pontes pênseis (suspensas)*.
II. (V);
III. (F); *O Brasil tem poucas pontes estaiadas*.
IV. (V);
V.   (V);

Portanto a alternativa correta é a letra (E).

Questão 10.2 (ENADE 2011)

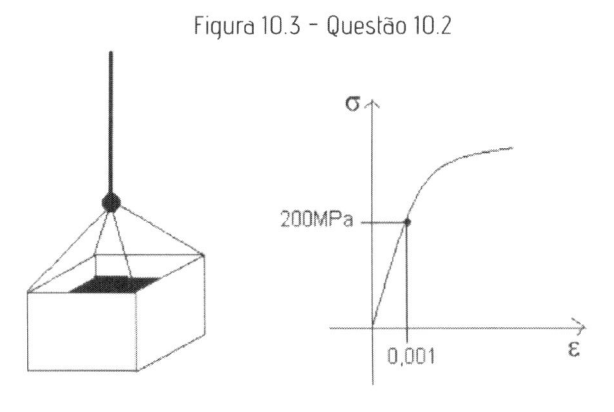

Figura 10.3 - Questão 10.2

Fonte: ENADE (2011)

Um cabo de aço segura um recipiente que contém cimento, como mostra a figura anterior. A deformação específica normal medida na extremidade superior do aço é de 0,1% quando a tensão normal é de 200 MPa, como mostra o diagrama tensão x deformação do cabo de aço.

O módulo de elasticidade longitudinal desse aço é igual a

(A) 20 MPa.
(B) 200 MPa.
(C) 2.000 MPa.
(D) 20.000 MPa.
(E) 200.000 MPa.

Resposta:
A alternativa correta é a letra (E).

Comentário:
Conforme apresentado no Módulo 2 "Tensão e Deformação em Elementos Lineares; Lei de Hooke", o diagrama tensão-deformação exibe uma relação linear entre tensão e a deformação dentro da região elástica. O modulo de elasticidade é dado pela expressão matemática $E = \dfrac{\sigma}{\varepsilon}$, que representa a inclinação da reta.

$$E = \frac{\sigma}{\varepsilon} = \frac{200\ MPa}{0,001} \rightarrow E = 200.000\ MPa$$

Questão 10.3 (ENADE 2011)

Em termos de esquematização estrutural de edifícios, um erro bastante comum está em considerar as condições de engastamento, total ou parcial, das lajes e vigas, que podem ser agravadas no caso de edifícios altos ou com peças de inércia muito diferentes entre si. Para o engastamento parcial de vigas, deve-se considerar o que recomenda o item 3.2.3, da ABNT NBR 6118, para apoios extremos. Falhas na adoção do modelo estrutural correto poderão levar ao surgimento de trincas nas vigas, alvenarias e revestimentos, sendo necessária a sua manutenção.

Figura 10.4 – Questão 10.3

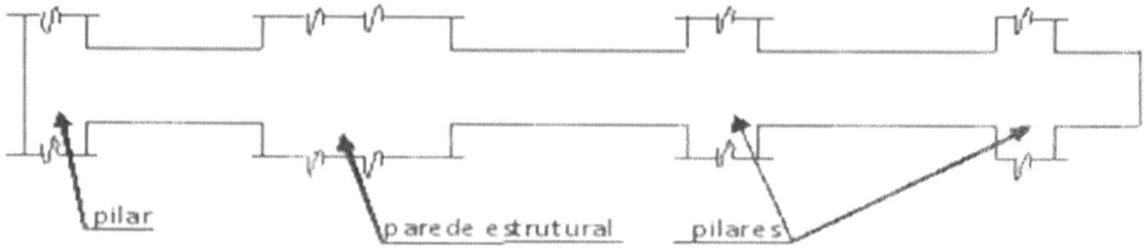

Fonte: ENADE (2011)

Para a viga apresentada acima, qual o sistema estrutural correto a ser adotado para seu cálculo?

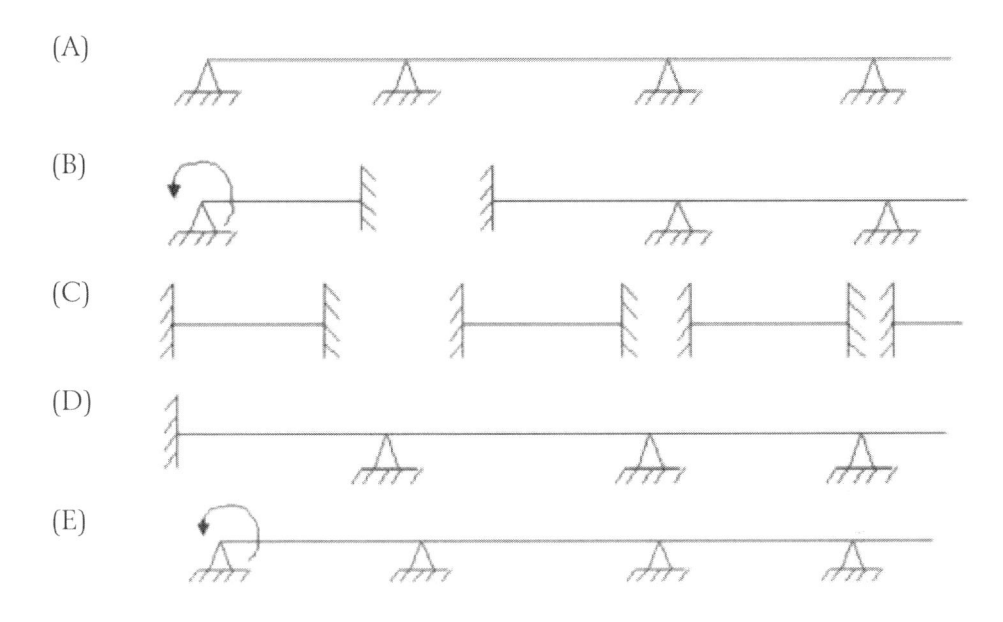

(A)

(B)

(C)

(D)

(E)

Resposta:
A alternativa correta é a letra (B).

Comentário:

Figura 10.5 - Questão 3

Fonte: Adaptada do ENADE (2011)

Para a resolução desta questão deve-se diferenciar os vínculos entre pilar e viga e parede estrutural e viga. Quando se tem uma parede estrutural ou pilar parede, devido à grande dimensão de sua seção, os momentos negativos serão independentes nos pontos B' e B'', desta forma, considera-se engastes nestes pontos. Já para um pilar, dependendo das dimensões do mesmo e das dimensões das vigas, determina-se a rigidez do apoio, portanto, como não se tem informações suficientes, não pode-se afirmar se no ponto A há um engaste ou um apoio articulado. A maneira mais correta de se representar este apoio é generalizar, já que não se sabe a rigidez, utilizando um apoio articulado fixo com um momento aplicado.

(A) (F); Não necessariamente o nó A é apoiado.
(B) (V); Representa adequadamente o modelo real apresentado no enunciado.
(C) (F); Não necessariamente o nó A é engastado.
(D) (F); Não necessariamente o nó A é engastado.
(E) (F); Não necessariamente o momento negativo no ponto B' é igual B", portanto são independentes.

Nota: No enunciado da questão 10.3, é citado o item 3.2.3 da ABNT NBR 6118 para apoios extremos, porém o item acima citado está relacionado ao estado-limite de abertura de fissura.

10.1.1.2 ENADE 2008

Questão 10.4 (ENADE 2008)

A fotoelasticidade é uma técnica experimental utilizada para a análise de tensões e deformações em peças com formas complexas. A passagem de luz polarizada através de um modelo de material fotoelástico sob tensão forma franjas luminosas escuras e claras. O espaçamento apresentado entre as franjas caracteriza a distribuição das tensões: espaçamento regular indica distribuição linear de tensões, redução do espaçamento indica concentração de tensões. Uma peça curva de seção transversal constante, com concordância circular e prolongamento, é apresentada na figura abaixo. O elemento está equilibrado por duas cargas momento M e tem seu estado de tensões apresentado por fotoelasticidade.

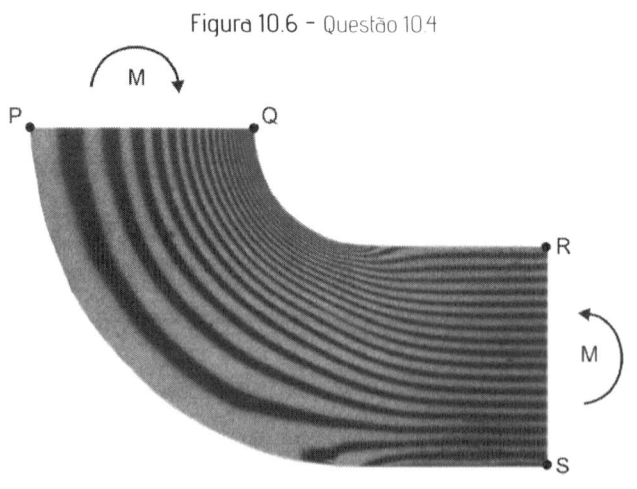

Figura 10.6 - Questão 10.4

TIMOSHENKO, S. P.; GOODIER, J. N., **Theory of Elasticity**. New York: McGraw-Hill, 1970. (Adaptado)

Fonte: ENADE 2008

Em relação ao estado de tensões nas seções PQ e RS, o módulo de tensão normal no ponto

(A) P é maior que o módulo da tensão normal no ponto R.
(B) Q é maior que o módulo da tensão normal no ponto R.
(C) Q é menor que o módulo da tensão normal no ponto S.
(D) R é maior que o módulo da tensão normal no ponto S.
(E) S é menor que o módulo da tensão normal no ponto P.

Resposta:
A alternativa correta é a letra (B).

Comentário:
(A) (F); *As franjas luminosas perto do ponto P estão muito espaçadas em comparação ao ponto R, e, segundo o texto, concentração de franjas significa concentração de tensões, sendo assim o ponto R está sofrendo uma maior concentração de tensão que o ponto P. Alternativa incorreta.*

(B) (V); *Observando a figura, o ponto Q é o ponto que possui maior concentração de franjas, sendo assim, possui tensões maiores que do ponto R. Alternativa correta.*

(C) (F); *O ponto Q é o ponto que possui maior número de franjas concentradas, significando maior tensão, sendo assim, o ponto Q tem maior tensão que o ponto S. Alternativa incorreta.*

(D) (F); *O espaçamento das franjas na linha de atuação dos dois pontos é praticamente regular, tornando as tensões em cada ponto parecidas em módulo com a do outro ponto, tornando assim a alternativa incorreta.*

(E) (F); *A concentração de franjas no ponto S é maior que no ponto P, assim tem-se maior tensão em S, tornando a alternativa incorreta.*

Questão 10.5 (ENADE 2008)

Três linhas elevadas de gasodutos serão apoiadas por pórticos simples devidamente espaçados entre eles. Após estudo preliminar, decidiu-se que os pórticos receberiam uma padronização para fins de economia de material e rapidez na execução, devendo, ainda, apresentar o modelo estrutural da figura a seguir.

Desprezando o peso próprio do pórtico frente às cargas concentradas P, exercidas pelos dutos, qual a relação que deve haver entre as dimensões do vão x e do balanço y do pórtico plano, para que a estrutura, como um todo, seja submetida ao menor valor possível de momento fletor, em valor absoluto?

Figura 10.7 - Questão 10.5

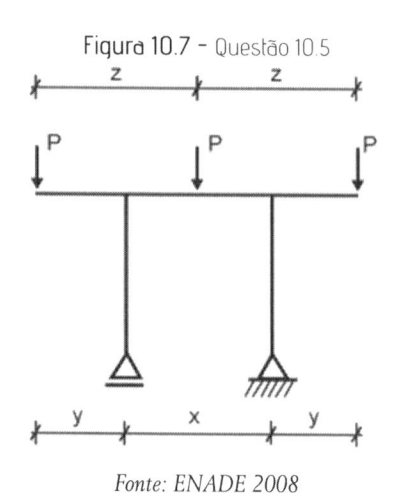

(A) x = 0,5 y
(B) x = y
(C) x = 2 y
(D) x = 4 y
(E) x = 8 y

Fonte: ENADE 2008

Resposta:
A alternativa correta é a letra (E).

Comentário:
Para que a estrutura esteja submetida ao menor valor possível de momento fletor, os momentos fletores máximos causados pelas cargas devem ser iguais em todos trechos da estrutura, assim ela ficará em equilíbrio.

Figura 10.8 - Diagrama de corpo livre

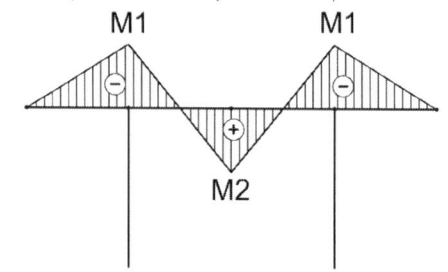

Inicialmente deve-se traçar o diagrama de corpo livre da estrutura e calcular as reações de apoio, conforme diagrama de corpo livre a seguir.

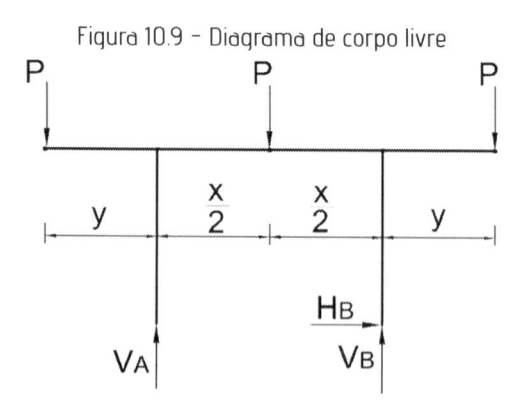

Figura 10.9 - Diagrama de corpo livre

Cálculo das reações de apoio:

Como não há nenhum carregamento horizontal, conclui-se que $H_B = 0$.

$$\sum F_V = 0 \rightarrow -P - P - P + V_A + V_B = 0 \rightarrow V_A + V_B = 3P$$

Como a estrutura é simétrica, têm-se que $V_A = V_B$, desta forma $V_A = V_B = 1,5P$.

Utilizando o Método das seções, é possível calcular o momento máximo em cada seção, ou seja:

Domínio de S_1:

$S_1: 0 \leq v \leq y$

$$\sum M_{S_1} = 0 \rightarrow M_1 + P.v = 0$$

Figura 10.10 - Seção 1

$M_1 = -P.v$, com (v) variando de 0 a y.

Para v = 0, $M_1 = 0$ \qquad Para v = y, $M_1 = -P.y$

Portanto o momento máximo neste trecho vale $M_1 = -P.y$.

Figura 10.11 - Seção 2

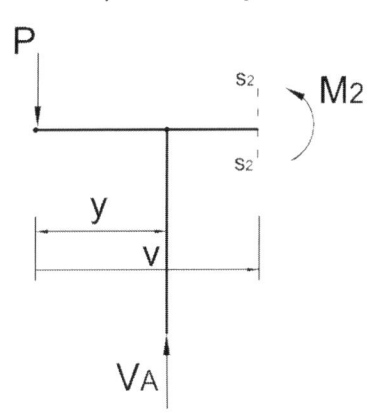

Domínio de S_2:

$S_2: y \leq v \leq y + \frac{x}{2}$

$$\sum M_{S_2} = 0 \rightarrow M_2 - 1,5.P.(v - y) + P.v = 0$$

$$M_2 - 1,5.P.v + 1,5.P.y + P.v = 0$$

$M_2 = -1,5.P.y + 0.5.P.v$, onde (v) varia de y à (y + x/2).

Para v = y, $M_2 = -P.y$ \qquad Para v = (y + x/2), $M_2 = -1,5.P.y + 0,5.P.\frac{x}{2}$

Portanto o momento máximo neste trecho vale $M_2 = -P.y + 0,5.P.\frac{x}{2}$.

Para que a estrutura continue em equilíbrio e esteja submetida ao menor valor de momento fletor, $|M1| = |M2|$. Dessa forma, têm-se:

$|M1| = |M2|$

$$P.y = -P.y + 0{,}5.P.\frac{x}{2} \rightarrow 2.P.y = 0{,}5.P.\frac{x}{2} \rightarrow 0{,}5.x = \frac{4.P.y}{P}$$

$x = 8.y$

Portanto a alternativa correta é a letra (E).

Questão 10.6 (ENADE 2008)

Um modelo dos esforços de flexão composta, no plano horizontal de um reservatório de concreto armado de planta-baixa quadrada e duplamente simétrica, é apresentado esquematicamente na figura a seguir por meio do diagrama de momentos fletores em uma das suas paredes. Na figura, **p** é a pressão hidrostática no plano de análise, **a** é o comprimento da parede de eixo a eixo, **h** é a espessura das paredes (h<<a), **M1** e **M2** são os momentos fletores, respectivamente, no meio da parede e nas suas extremidades, e **N** é o esforço normal aproximado existente em cada parede.

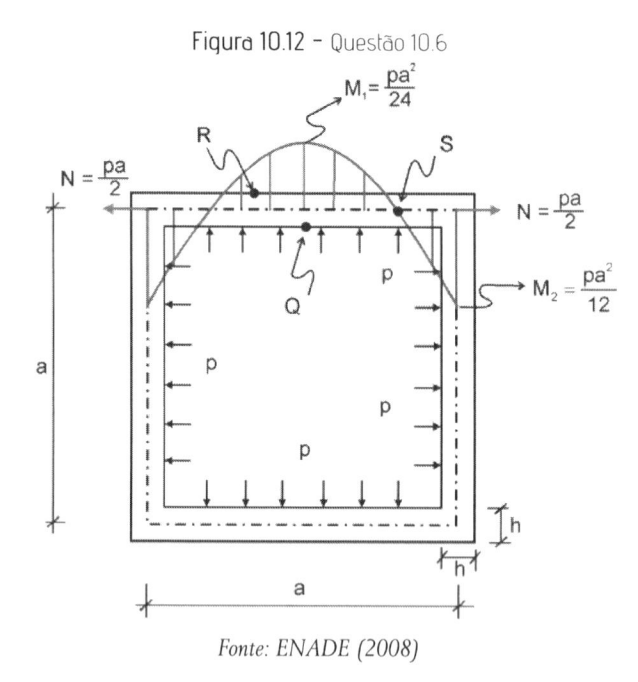

Figura 10.12 - Questão 10.6

Fonte: ENADE (2008)

Considerando o reservatório cheio de água, verifica-se que, na direção longitudinal da parede, os pontos **Q**, **R** e **S** ilustrados na figura estão submetidos às seguintes tensões normais:

	Ponto Q	Ponto R	Ponto S
(A)	Compressão	Tração	Nula
(B)	Compressão	Tração	Tração
(C)	Tração	Tração	Tração
(D)	Tração	Compressão	Nula
(E)	Tração	Compressão	Compressão

Resposta:

A alternativa correta é a letra (B).

Comentário:

Segundo o Módulo 4 "Flexão e Projeto de Vigas", pode-se analisar cada ponto segundo o esforço atuando nele:

Para o ponto Q, que está localizado na extremidade interna da parede, onde as forças estão aplicadas, uma das maneiras de chegar à conclusão de qual esforço está atuando seria a constatação justamente das forças estarem aplicadas logo acima do ponto, portanto seria compressão. Outra maneira seria observar o gráfico de momento. Desenha-se o gráfico do momento fletor para o sentido em que o momento irá tracionar, então o ponto está oposto ao lado tracionado, sendo assim, o ponto está sendo comprimido.

Para o ponto R, que está localizado na extremidade externa da parede, lado oposto de onde as forças estão sendo aplicadas, pode-se dizer, analisando a parede como se fosse uma viga, que a parte externa seria a fibra inferior da viga carregada, causando assim tração naquele ponto. Outra maneira de chegar a esse resultado é analisando o gráfico de momento, como dito anteriormente; a parte onde o gráfico é desenhado indica se está sendo tracionado e como este ponto está localizado na parte onde o gráfico foi desenhado, o ponto está tracionado.

Para o ponto S, localizado no eixo da parede, onde o momento é nulo, mas existe uma força normal de tração com intensidade de $\frac{pa}{2}$, tendo sua linha de atuação exatamente onde é a linha neutra do momento, há tração ao ponto analisado.

Após analisar-se cada ponto, a alternativa que corresponde às respostas é a alternativa de letra (B).

Questão 10.7 (ENADE 2008)

O acréscimo de tensão médio previsto pelo assentamento de uma sapata sobre uma camada de argila compressível normalmente adensada é de 100 kPa, conforme mostra a figura abaixo. Uma amostra indeformada da região central dessa camada de argila foi retirada utilizando-se um amostrador tipo Shelby. O gráfico referente à curva de compressão do ensaio de adensamento oedométrico está apresentado a seguir. O peso específico aparente da areia é 15 kN/m³, o saturado da argila é 12 kN/m³ e o índice de vazios inicial da amostra é 2,0.

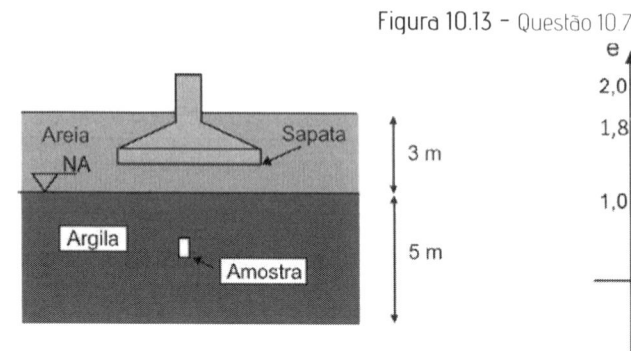

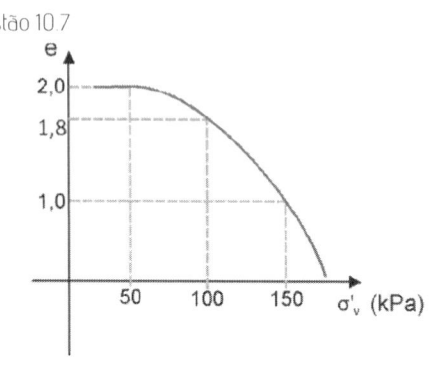

Figura 10.13 - Questão 10.7

Fonte: ENADE (2008)

Dados:
$\Delta H / H_0 = \Delta e/(1+e_0)$

Onde:

e = índice de vazios;

H_0 = espessura inicial da camada de argila;

σ'_v = tensão vertical efetiva.

Na verificação da possibilidade de construção dessa sapata, qual o recalque médio previsto devido ao adensamento da argila?

(A) 2,0 m
(B) 1,7 m
(C) 1,4 m
(D) 1,0 m
(E) 0,3 m

Resposta:

A alternativa correta é a letra (B).

Comentário:

O recalque de adensamento ocorre durante o processo de transferência de esforços entre a água e o esqueleto de grão do solo, associado a expulsão de água dos vazios. As tensões que são absorvidas pela água são transmitidas para os grãos do solo, causando uma variação inicial das tensões efetivas. Dessa forma, o recalque é o resultado do produto da variação do índice de vazios e da altura de sólido. Utilizando a equação de recalque de adensamento dada acima têm-se:

$$\Delta H = H_0 \cdot \frac{\Delta e}{(1 + e_0)} \rightarrow \Delta H = 5 \cdot \frac{(2-1)}{(1+2)}$$

$\Delta H = 1,67\ m \approx 1,7\ m$

Dessa forma, a alternativa correspondente a resposta obtida é a alternativa de letra (B).

10.1.1.3 ENADE 2005

Questão 10.8 (ENADE 2005)

Figura 10.14 - Questão 10.8

Fonte: ENADE (2005)

No mecanismo ilustrado na figura acima, uma placa metálica gira em torno de um eixo devido à aplicação de uma força F, que provoca o aparecimento de um torque. Com relação a esse mecanismo e sabendo que o momento de inércia de massa é definido pela integral $\int r^2\ dm$, em que r é a distância do eixo ao elemento de massa dm, julgue os itens seguintes:

I- Quanto menor for o valor da distância d, maior deverá ser a força F necessária para vencer o atrito no eixo.
II- O momento de inércia de massa da placa metálica independe do valor da distância d.
III- O tempo necessário para se girar a placa do ponto 1 ao ponto 2 independe do torque.

Assinale a opção correta.

(A) Apenas um item está certo.
(B) Apenas os itens I e II estão certos.
(C) Apenas os itens I e III estão certos.
(D) Apenas os itens II e III estão certos.
(E) Todos os itens estão certos.

Resposta:
A alternativa correta é a letra (C).

Comentário:
I- (V); Conforme visto no Módulo 3 "Torção", o momento ou torque de uma força é dado pelo produto direto da força que produz, da distância ao ponto de rotação da força e do seno do ângulo formado entre o vetor força e o vetor braço de alavanca (distância do ponto de aplicação de força ao ponto ou eixo de rotação). Como a rotação é diretamente proporcional, quanto menor a distância, maior deverá ser a força aplicada.
II- (V); Por definição o momento de inércia de massa representa a dificuldade de um elemento de massa dm de entrar em rotação em relação a um ponto ou eixo, dado pela distância (r). O momento de inércia independe da posição de aplicação da força (d).
III- (F); Para se calcular o torque, é preciso encontrar o produto do momento de inércia do objeto em torno do eixo de rotação e a variação da velocidade angular, ou também chamada de aceleração angular. Assim, a afirmativa (III) está incorreta, pois o torque está diretamente ligado a velocidade, portanto ao tempo, sendo o tempo inversamente proporcional ao torque.

Nota: O gabarito dessa questão consta como resposta correta a letra (C), porém de acordo com os comentários descritos acima o autor discorda da resposta. Dessa forma, a alternativa que corresponde aos itens corretos é a alternativa de letra (B).

Questão 10.9 (ENADE 2005)

Uma estrutura plana em arco articulado e atirantado é submetida a uma carga uniformemente distribuída de 10 kN/m, como mostra a figura abaixo.

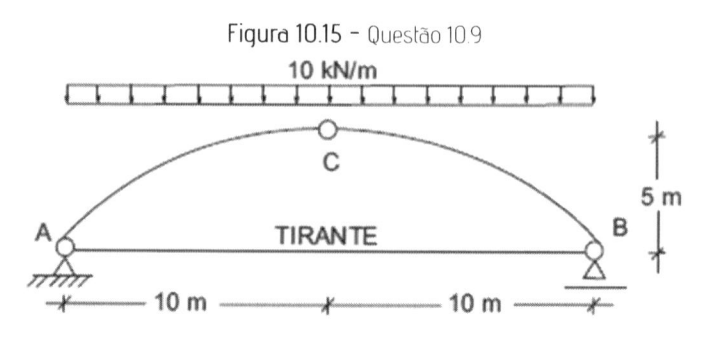

Figura 10.15 - Questão 10.9

Fonte: ENADE (2005)

A tração a que o tirante está submetido é igual a:

(A) 0 (nula)
(B) 50 kN
(C) 100 kN
(D) 150 kN
(E) 200 kN

Resposta:
A alternativa correta é a letra (C).

Comentário:

Inicialmente deve ser feito o diagrama de corpo livre da estrutura. No ponto (A), tem-se um apoio articulado fixo, portanto duas restrições de deslocamento, uma restrição vertical e outra horizontal. Já no ponto (B), tem-se um apoio articulado móvel, portanto, há apenas uma restrição de deslocamento, na direção vertical.

O tirante é usado para que a estrutura fique em equilíbrio, por meio da força de tração a que o mesmo é submetido.

A carga distribuída retangular (q) a que a estrutura está submetida será transformada em um carga concentrada (P), assim P = q . x, em que (x) é o comprimento onde a carga é aplicada. Dessa forma P = 10 . 20 = 200 kN. Na figura a seguir, tem-se o diagrama de corpo livre da estrutura.

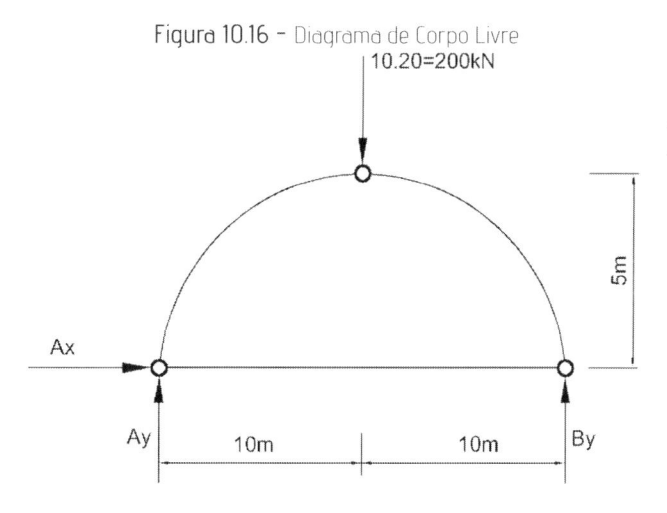

Figura 10.16 - Diagrama de Corpo Livre

Utilizando-se as Equações Universais do Equilíbrio, $\begin{cases} \sum F_H = 0 \\ \sum F_V = 0 \\ \sum M_B = 0 \end{cases}$, e o método das seções, conforme apresentado no Módulo 1, "Elementos de Análise Estrutural", encontra-se o esforço no cabo, conforme resumo a seguir.

$$\sum M_B = 0 \rightarrow A_Y \cdot 20 + 200 \cdot 10 = 0 \rightarrow A_Y = 100 kN$$

$$\sum F_x = 0 \rightarrow A_X = 0 \ kN$$

Figura 10.17 - Método das Seções

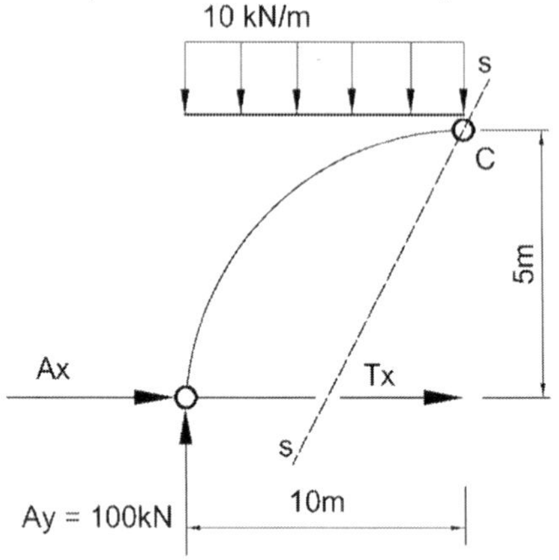

Em que T_X representa a força no tirante na direção de x.

Sabendo que o momento na rótula é zero, calcula-se o esforço do tirante fazendo uma seção que passa pelo ponto C (rótula) e o cabo do tirante.

$$\sum M_C = 0 \rightarrow -100 \cdot 10 + T_X \cdot 5 + 10 \cdot 10 \cdot 5 = 0$$

$T_X = 100 \ kN$

Desta forma a alternativa correspondente a resposta obtida é a alternativa de letra (C).

Questão 10.10 (ENADE 2005)

A figura abaixo representa uma ponte de emergência, de peso próprio, uniformemente distribuído igual a *q* e comprimento igual a *L*, que deve ser lançada, rolando sobre os roletes fixos em *A* e *C*, no vão *AB*, de modo que se mantenha em nível até alcançar a margem *B*. Para isso, quando a sua seção média atingir o rolete *A*, uma carga concentrada *P* se deslocará em sentido contrário, servindo de contrapeso, até o ponto *D*, sendo *A'D* uma extensão da ponte, de peso desprezível, que permite o deslocamento da carga móvel *P*. Se a extremidade *B'* da ponte estiver a uma distância x de *A*, a carga *P* estará a uma distância y de *A*.

Figura 10.18 – Questão 10.10

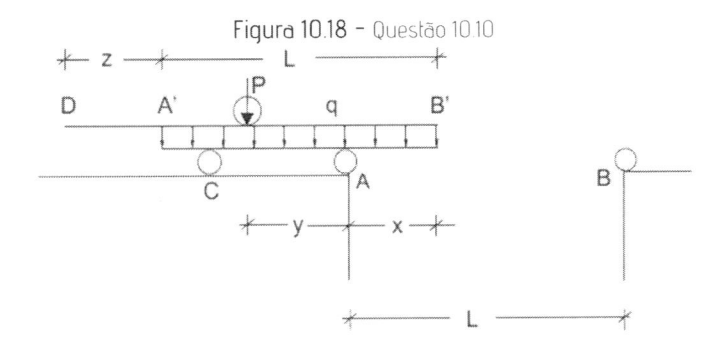

Fonte: ENADE (2005)

Nessa condição, a distância y (variável em função de x) e a distância z (fixa) da extensão, respectivamente, são:

(A) $\dfrac{q.L(2x-L)}{2P}$ $\dfrac{q.L^2}{2P}$ (D) $\dfrac{q.L^2(2L-x)}{2P}$ $\dfrac{q.L^3}{P}$

(B) $\dfrac{q.L(2L-x)}{2P}$ $\dfrac{q.L^2}{P}$ (E) $\dfrac{q.L(2x-L)}{2P}$ $\dfrac{q.L^2}{P}$

(C) $\dfrac{q.L^2(2x-L)}{2P}$ $\dfrac{q.L^2}{2P}$

Resposta:
A alternativa correta é a letra (A).

Comentário:
Para calcular a distância y em função de x, deve-se considerar o equilíbrio de Momentos no apoio A, no qual o seu somatório deve ser igual a zero. A força P é aplicada na estrutura quando a mesma passa da metade no apoio A.

Figura 10.19 – Questão 10.10

Conforme figura acima têm-se:

$$\sum M_A = 0 \rightarrow P.y + q.(L-x).\frac{(L-x)}{2} - q.x.\frac{x}{2} = 0$$

$$P.y + q.\frac{(L-x)^2}{2} - q\frac{x^2}{2} = 0 \rightarrow y = -q.\frac{(L-x)^2}{2P} + q.\frac{x^2}{2P}$$

$$y = \frac{-q.L^2 + 2.L.x.q - qx^2 + qx^2}{2P} \rightarrow y = \frac{q.L.(2x-L)}{2P}$$

Para calcular a distância z, deve-se considerar que a ponte está um infinitésimo antes de chegar ao apoio B, dessa forma a força concentrada P estará no ponto D, conforme figura abaixo.

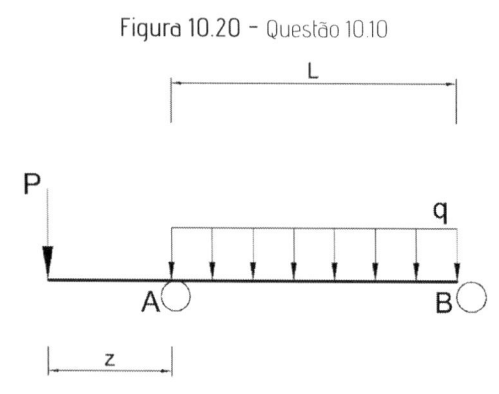

Figura 10.20 – Questão 10.10

Fazendo o equilíbrio dos momentos no ponto A têm-se:

$$\sum M_A = 0 \rightarrow P.z - q.L.\frac{L}{2} = 0 \rightarrow P.z - q.\frac{L^2}{2} = 0$$

$$z = q.\frac{L^2}{2P}$$

As reações de apoio (nos roletes) não foram consideradas nesta análise uma vez que o objetivo era encontrar a equivalência entre os momentos instabilizantes e estabilizantes.

Assim, a alternativa que corresponde às duas respostas é a alternativa de letra (A).

10.1.2 ENADE ENGENHARIA GRUPO III

O Grupo III de Engenharia para o ENADE compõe-se das seguintes Engenharias: Engenharia Aeroespacial, Engenharia Aeronáutica, Engenharia Automotiva, Engenharia Industrial Mecânica, Engenharia Mecânica e Engenharia Naval.

10.1.2.1 ENADE 2011

Questão 10.11 (ENADE 2011)

As tensões normais σ e as tensões de cisalhamento T em um ponto de um corpo submetido a esforços podem ser analisadas utilizando-se o círculo de tensões de Mohr, no qual a ordenada de um ponto sobre o círculo é a tensão de cisalhamento T e a abscissa é a tensão normal σ.

Para o estado plano de tensão no ponto apresentado na figura ao lado, as tensões normais principais e a tensão máxima de cisalhamento são, em MPa, respectivamente iguais a:

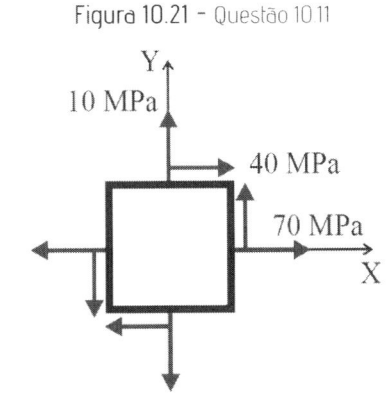

(A) -22,8; 132,8 e 77,8.
(B) -16,6; 96,6 e 56,6.
(C) -10,4; 60,4 e 35,4.
(D) -10; 90 e 50.
(E) 70; 10 e 56,6.

Figura 10.21 - Questão 10.11

Fonte: ENADE (2011)

Resposta:
A alternativa correta é a letra (D).

Comentário:
Conforme estudado no Módulo 6 "Transformações de Tensão e Deformação e suas Aplicações", para o cálculo das tensões por meio dos planos de tensões, utilizam-se as equações do círculo de Mohr. A tensão máxima é dada pela tensão média mais o raio.

$$\sigma_{med} = \frac{\sigma_x + \sigma_y}{2}$$

$$R = \sqrt{\left(\frac{\sigma_x - \sigma_y}{2}\right)^2 + \tau_{xy}^2}$$

$$\sigma_{máx} = \sigma_{med} + R \rightarrow \sigma_{máx} = \frac{\sigma_x + \sigma_y}{2} + \sqrt{\left(\frac{\sigma_x - \sigma_y}{2}\right)^2 + \tau_{xy}^2}$$

$$\sigma_{máx} = \frac{70 + 10}{2} + \sqrt{\left(\frac{70 - 10}{2}\right)^2 + 40^2} \rightarrow \sigma_{máx} = 90 \, MPa$$

A tensão mínima é dada pela tensão média menos o raio.

$$\sigma_{min} = \sigma_{med} - R \rightarrow \sigma_{min} = \frac{\sigma_x + \sigma_y}{2} - \sqrt{\left(\frac{\sigma_x - \sigma_y}{2}\right)^2 + \tau_{xy}^2}$$

$$\sigma_{min} = \frac{70 + 10}{2} - \sqrt{\left(\frac{70 - 10}{2}\right)^2 + 40^2} \rightarrow \sigma_{min} = -10 \; MPa$$

A tensão de cisalhamento máxima é o próprio raio, então:

$$R = \tau_{máx} = \sqrt{\left(\frac{\sigma_x - \sigma_y}{2}\right)^2 + \tau_{xy}^2} \rightarrow \tau_{máx} = \sqrt{\left(\frac{70 - 10}{2}\right)^2 + 40^2} \rightarrow \tau_{máx} = 50 \; MPa$$

Dessa forma, a alternativa que representa os valores calculados é a alternativa de letra (D).

Questão 10.12 (ENADE 2011)

Os ensaios mecânicos fornecem informações sobre as propriedades mecânicas dos materiais, quando submetidos a esforços externos, expressos na forma de tensões e deformações. Basicamente, o comportamento mecânico dos materiais depende da composição química, da microestrutura, da temperatura e das condições de carregamento. Tais informações são fundamentais para que o engenheiro projetista possa selecionar os materiais que contemplem as especificações mecânicas estabelecidas no projeto. Considerando o exposto, analise as afirmações a seguir

I- O módulo de tenacidade é uma medida da energia requerida para a ruptura de um material, enquanto a tenacidade à fratura é uma propriedade do material de suportar tensão na ponta de uma trinca.
II- Um corpo-de-prova de material ferro fundido cinzento, quando submetido a um ensaio de torção, falha por cisalhamento. Esse fato é observado pelo rompimento do corpo de prova ao longo da superfície que forma um ângulo de 45° em relação ao eixo longitudinal.
III- O ensaio de impacto permite a caracterização do comportamento dúctil-frágil do material por meio da medição da energia absorvida pelo material até a fratura em função da temperatura. Os ensaios mais conhecidos são denominados Charpy e Izod.
IV- A partir do limite de escoamento do material, o material entra em colapso e deforma-se permanentemente. Isso se deve à redução do módulo de elasticidade do material que causa o escoamento, seguido do endurecimento por deformação até atingir o limite de resistência.

É correto apenas o que se afirma em

(A) I e IV.
(B) I e III.
(C) II e III.
(D) I, II e IV.
(E) II, III e IV.

Resposta:

A alternativa correta é a letra (B).

Comentário:

I- (V); *O módulo de tenacidade é a energia máxima absorvida pelo "sistema" até a ruptura. Ele pode ser calculado por meio de toda a área sob a curva tensão-deformação, a partir da origem até a ruptura (área sombreada da Figura 10.22). Por outro lado, a tenacidade à fratura é capacidade de um material de resistir à propagação de fissuras quando é submetido a um determinado esforço solicitante.*

Figura 10.22 - Tensão X Deformação

II- (F); *O ferro fundido cinzento é um material frágil, portanto a sua ruptura será por tração na direção normal ao eixo do corpo. Os materiais que falham por cisalhamento têm como característica a ductilidade. Neste caso, a falha ocorreria a um ângulo de 45° em relação ao eixo do corpo de acordo com o plano da tensão cisalhante máxima.*

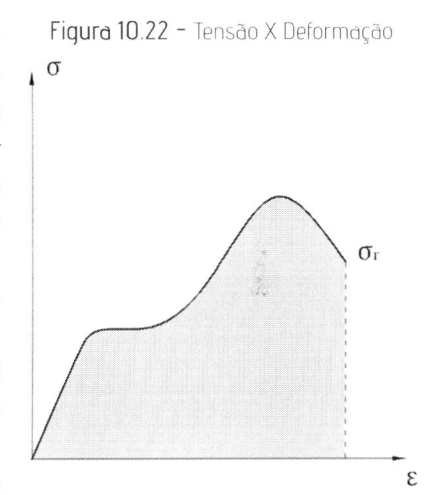

III- (V); *No ensaio de impacto, a carga é aplicada na forma de esforços por choque, sendo o impacto obtido por meio da queda de um martelete, de uma altura determinada, sobre a peça a examinar. Com o resultado do ensaio, obtém-se a energia absorvida pelo material até a fratura. A principal aplicação desse ensaio refere-se à caracterização do comportamento dos materiais, na transição da propriedade dúctil para a frágil em função da temperatura, possibilitando a determinação da faixa de temperaturas na qual um material muda de dúctil para frágil. Os ensaios mais conhecidos são os de Charpy e Izod e a diferença entre os dois métodos se dá pelo formato do corpo de prova.*

IV- (F); *O módulo de elasticidade é uma propriedade do material no regime elástico linear. Ele representa fisicamente a taxa de variação de tensão em função da deformação. Ao atingir o limite de escoamento o material não entrará em colapso, mas se deformará permanentemente.*

Assim a alternativa correta é a alternativa de letra (B).

Questão 10.13 (ENADE 2011)

Na figura, tem-se a representação de uma viga submetida a um carregamento distribuído W e a um momento externo m. A partir dessa representação, é possível determinar os diagramas do esforço cortante e do momento fletor.

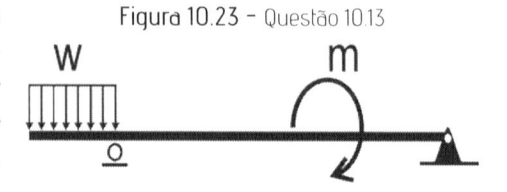

Figura 10.23 – Questão 10.13

Fonte: ENADE (2011)

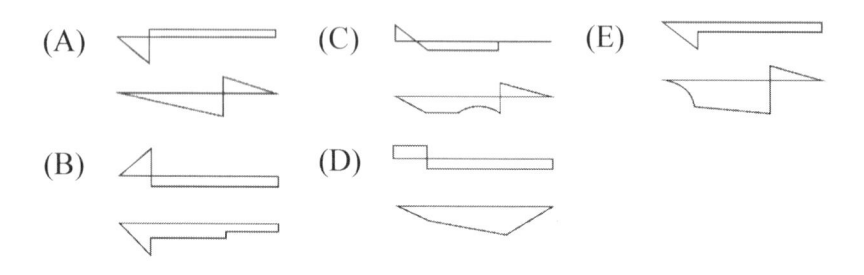

(A)

(B)

(C)

(D)

(E)

Resposta:

A alternativa correta é a letra (E).

Comentário:

Como essa questão foi retirada do ENADE grupo III de Engenharia, grupo correspondente as Engenharias Mecânicas, o esboço do gráfico de momento é feito ao contrário do que usualmente é utilizado na Engenharia Civil, logo, desenha-se a parte negativa para baixo, seguindo o plano cartesiano.

Analisando da esquerda para a direita as cargas aplicadas, pode-se observar uma carga distribuída no balanço e um momento concentrado localizado entre os apoios. Como estudado no Módulo 1 "Elementos de Análise Estrutural", uma carga distribuída causa um gráfico de cortante linear e, como a extremidade esquerda não possui apoio e nem carga concentrada, então a cortante será linear partindo do zero. Para gráfico de cortante, utiliza-se a convenção da esquerda para direita e as cargas que estiverem subindo serão positivas, então no caso será desenhado para baixo, partindo do zero linearmente até chegar ao apoio. Chegando ao apoio haverá uma descontinuidade devido a reação. Como a reação será para cima, adiciona-se, reduzindo o valor da cortante naquele ponto. Daquele ponto para frente, não existe mais descontinuidade de cortante, pois o momento concentrado não o provoca. Seguindo então constante até o apoio da direita, ao qual sua direção é para cima, zerando o esforço cortante.

Para o momento de uma carga distribuída, o gráfico corresponde a uma parábola de segundo grau. Como a carga distribuída está no balanço, o esboço do gráfico será negativo, sendo desenhado para baixo. Ao termino da carga distribuída, encontra-se um apoio que provocará ao esboço do momento a linearidade, até chegar ao momento concentrado, que causa uma descontinuidade ao gráfico de momento. Como o momento concentrado está com o sentido oposto as cargas já aplicadas, provocará uma descontinuidade, levando a uma mudança brusca de negativo para positivo. Como o último trecho termina em apoio, significa que no ponto do apoio o momento é zero, então as cargas que estão antes do momento concentrado estarão atuando até zerarem com o mesmo.

Assim, a alternativa que encaixa com essa descrição é a alternativa de letra (E).

10.1.2.2 ENADE 2008

Questão 10.14 (ENADE 2008)

Durante um teste de aterrissagem em pista molhada, foram medidas as deformações específicas em um ponto da fuselagem de um avião, utilizando extensômetros elétricos (*strain gages*), e as tensões correspondentes foram calculadas, resultando nos valores, expressos em MPa, apresentados na figura.

Figura 10.24 - Questão 10.14

Disponível em:
http://www.embraercommercialjets.com/english/content/ejets/emb_170.asp (Adaptado).

Fonte: ENADE (2008)

Com base nessas tensões e considerando o material da fuselagem elástico linear, conclui-se que este é um ponto sujeito a um(a)

(A) cisalhamento puro.
(B) estado uniaxial de tensão.
(C) estado plano de deformações.
(D) tensão cisalhante máxima superior a 5 MPa.
(E) tensão normal máxima de tração igual a 10 MPa.

Resposta:
A alternativa correta é a letra (D).

Comentário:
Conforme estudado no Módulo 6 "Transformações de Tensão e Deformação e suas Aplicações", para o cálculo das tensões principais, utilizam-se as equações do círculo de Mohr, conforme abaixo:

$$\sigma_{med} = \frac{\sigma_x + \sigma_y}{2} \rightarrow \sigma_{med} = \frac{10 + (-5)}{2} \rightarrow \sigma_{med} = 2{,}5\ MPa$$

$$R = \sqrt{\left(\frac{\sigma_x - \sigma_y}{2}\right)^2 + \tau_{xy}^2} \rightarrow R = \sqrt{\left(\frac{10 - (-5)}{2}\right)^2 + (-5)^2} \rightarrow R = 9{,}01\ MPa$$

A tensão máxima é dada pela tensão média mais o raio.

$$\sigma_{máx} = \sigma_{med} + R \rightarrow \sigma_{máx} = 2{,}5 + 9{,}01 \rightarrow \sigma_{máx} = 11{,}51\ MPa$$

Já a tensão mínima é dada pela tensão média menos o raio.

$$\sigma_{min} = \sigma_{med} - R \rightarrow \sigma_{min} = 2{,}5 - 9{,}01 \rightarrow \sigma_{min} = -6{,}51\ MPa$$

A tensão se cisalhamento máxima é o próprio raio, então:

$$R = \tau_{máx} = 9{,}01\ MPa$$

Com base nos cálculos, pode-se responder as alternativas:

(A) (F); *Um elemento sujeito apenas às tensões de cisalhamento, mostrado no paralelepípedo de plano de tensões, é dito em cisalhamento puro. Como este elemento está sujeito a tensões normais, esta alternativa está incorreta.*
(B) (F); *Estado uniaxial de tensão significa que nas faces do paralelepípedo atuam tensões na direção de uma única aresta. Para esse paralelepípedo de plano de tensões,*

são apresentados tensões na direção das duas arestas, sendo assim, alternativa incorreta.

(C) (F); O *estado plano de deformações apresenta as deformações impostas pelo estado plano de tensões, neste caso foi apresentado somente o estado plano de tensões, logo, alternativa incorreta.*

(D) (V); *Pelos cálculos realizados anteriormente, a tensão de cisalhamento máxima encontrada foi superior a 5 MPa, sendo igual a* $\tau_{máx} = 9,01$ *MPa, o que faz desta a alternativa correta.*

(E) (F); *Calculada anteriormente, a tensão normal máxima apresentou resultado de* $\sigma_{máx} = 11,51$ *MPa, então a alternativa está incorreta.*

10.1.2.3 ENADE 2005

Questão 10.15 (ENADE 2005)

O gráfico representa a curva *tensão* x *deformação* de um determinado aço, obtida em um teste de tração.

Pela análise do gráfico, conclui-se que

(A) a tensão no ponto C corresponde ao limite de proporcionalidade.
(B) a fratura ocorre no ponto D.
(C) o módulo de elasticidade do material pode ser obtido pela inclinação do trecho AB.
(D) o limite elástico do material ocorre no ponto E.
(E) o limite de escoamento do material é dado pelo valor da tensão no ponto D.

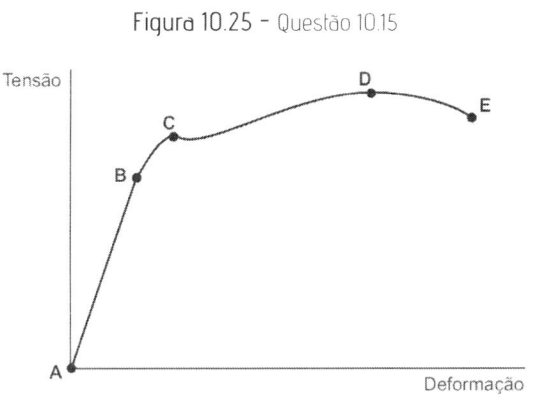

Figura 10.25 - Questão 10.15

Fonte: ENADE (2005)

Resposta:
A alternativa correta é a letra (C).

Comentário:
Segundo o Módulo 2 "Tensão e Deformação em Elementos Lineares; Lei de Hooke", um diagrama de Tensão x Deformação genérico é:

Figura 10.26 - Diagrama Tensão-Deformação Genérico   Legenda:

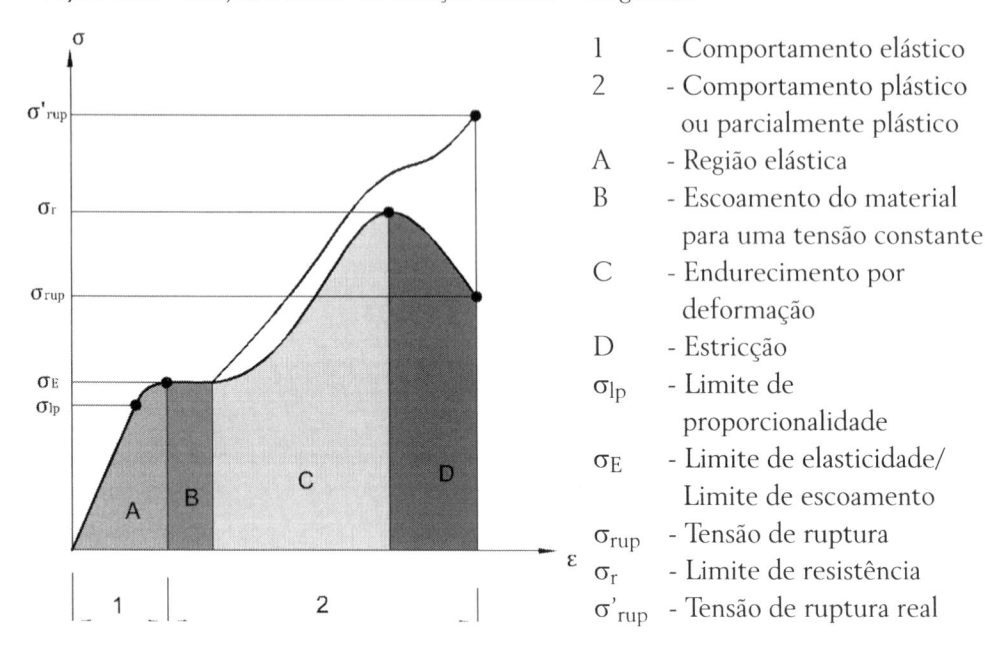

1	- Comportamento elástico
2	- Comportamento plástico ou parcialmente plástico
A	- Região elástica
B	- Escoamento do material para uma tensão constante
C	- Endurecimento por deformação
D	- Estricção
σ_{lp}	- Limite de proporcionalidade
σ_E	- Limite de elasticidade/ Limite de escoamento
σ_{rup}	- Tensão de ruptura
σ_r	- Limite de resistência
σ'_{rup}	- Tensão de ruptura real

Assim, pode-se julgar os itens:

(A) (F); *A tensão no ponto B corresponde ao limite de proporcionalidade. O ponto C corresponde ao limite de escoamento, conforme o gráfico genérico apresentado.*

(B) (F); *A fratura ocorre no ponto E.*

(C) (V); *O módulo de elasticidade está diretamente ligado à tensão e deformação do material no regime elástico linear, portanto no trecho AB. Para a determinação do módulo de elasticidade, deve-se considerar somente a parte elástica do gráfico de tensão e deformação, que é a parte reta. Obtêm-se então o módulo de elasticidade por meio da razão da tensão pela deformação da parte proporcional, gerando a seguinte equação*

$$E = \frac{\sigma}{\varepsilon}$$

onde σ é a tensão, ε é a deformação e E é o módulo de elasticidade. Escrevendo a equação de forma que a tensão varie de acordo com a deformação (σ = E . ε) e for comparada à equação da reta (y = a . x) pode-se perceber que (σ) corresponde a (y), eixo das ordenadas e (ε) corresponde a (x), eixo das abscissas. Dessa forma (E) corresponde a (a), que é o coeficiente angular da reta, podendo-se assim afirmar que a alternativa está correta.

(D) (F); *O limite elástico linear ocorre no ponto B.*

(E) (F); O *ponto D representa o limite de resistência do material, o limite de escoamento está localizado no ponto C.*

Questão 10.16 (ENADE 2005)

No estado plano de tensões, as tensões principais 1 e 2 podem ser utilizadas para efeito de dimensionamento e análise de falhas em componentes estruturais. No gráfico, estão representados os eixos relativos a essas tensões principais e as curvas de limite de resistência, segundo os critérios de Tresca e de Von Mises, onde Y representa a tensão de escoamento do material.

A análise do gráfico permite concluir que, segundo

(A) o critério de Von Mises, um ponto sujeito às tensões $\sigma_1 = \sigma_Y/2$ e $\sigma_2 = -\sigma_Y/2$ não falhará.

(B) o critério de Von Mises, um ponto fora do polígono de seis lados e da elipse representa uma condição de falha.

(C) o critério de Von Mises, as maiores tensões normais não podem ultrapassar a tensão de escoamento σ_Y.

(D) o critério de Tresca, um ponto sujeito às tensões $\sigma_1 = \sigma_Y$ e $\sigma_2 = -\sigma_Y$ não falhará.

(E) os dois critérios, um ponto entre o polígono de seis lados e a elipse representa uma condição de falha.

Figura 10.27 – Questão 10.16

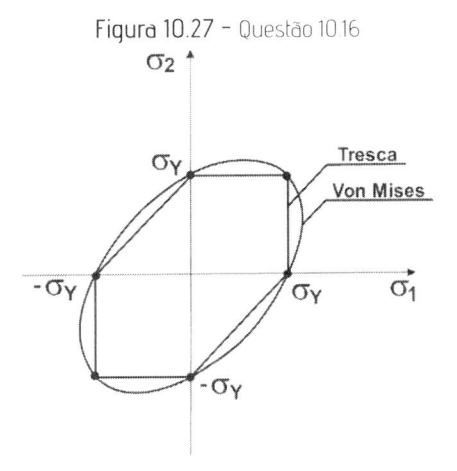

Fonte: ENADE (2005)

Figura 10.28 – Questão 10.16

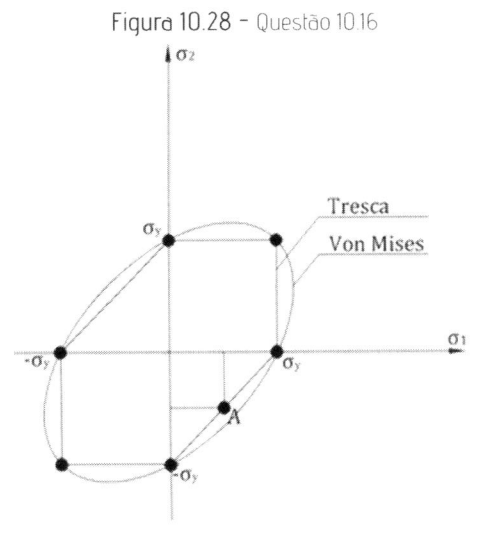

Resposta:
A alternativa correta é a letra (A).

Comentário:
(A) (V); *Como mostrado na figura ao lado, o ponto A sujeito às tensões $\sigma_1 = \sigma_y/2$ e $\sigma_2 = -\sigma_y/2$ não ficará fora da curva de Von Mises, portanto não haverá falha.*

(B) (F); *Pelo critério de Von Mises, um ponto representará falha apenas se ele estiver fora da elipse. Caso o mesmo esteja fora do polígono de 6 lados e dentro da elipse, não haverá falha.*

Figura 10.29 – Questão 10.16

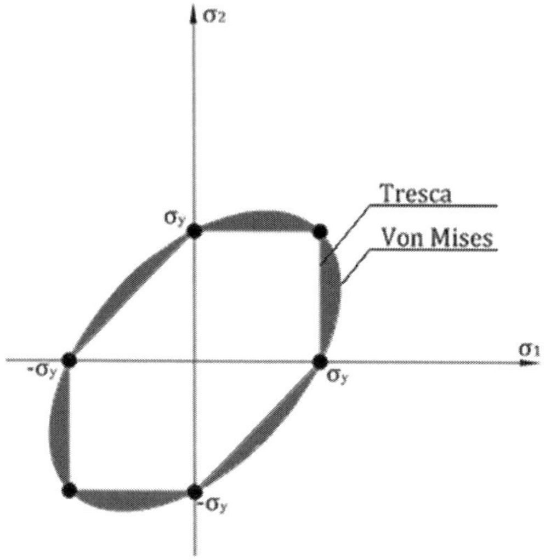

(C) (F); *Como mostrado na figura, o ponto B e toda a reta $\sigma_2 = \sigma_y$ ficam dentro da elipse.*

Figura 10.30 – Questão 10.16

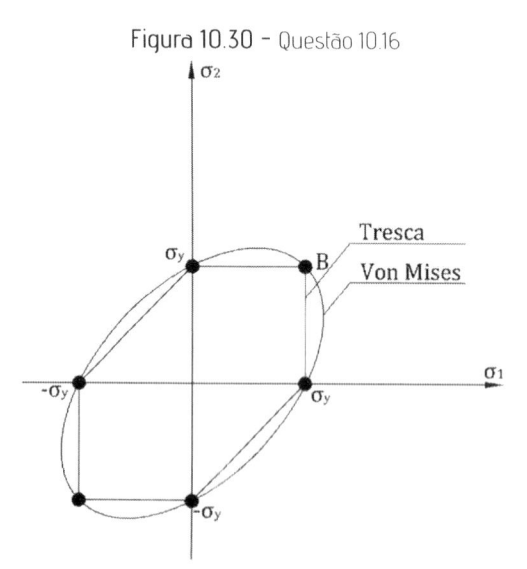

(D) (F); *O ponto sujeito às tensões $\sigma_1 = \sigma_y$ e $\sigma_2 = -\sigma_y$, ponto C, falhará por qualquer um dos dois critérios.*

Figura 10.31 – Questão 10.16

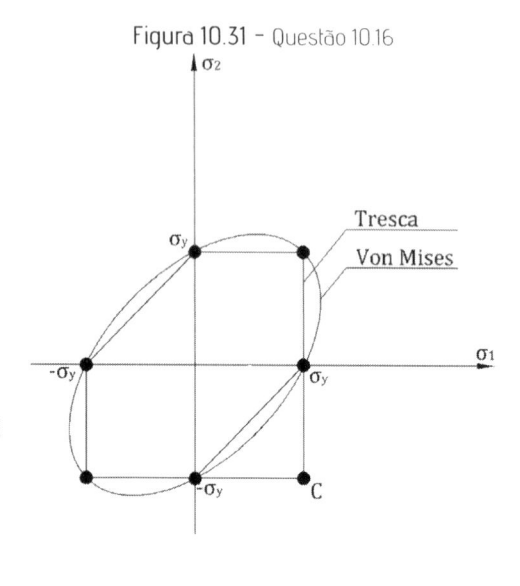

(E) (F); *Um ponto entre o polígono e a curva representa falha, apenas para o critério de Tresca.*

Figura 10.32 – Questão 10.16

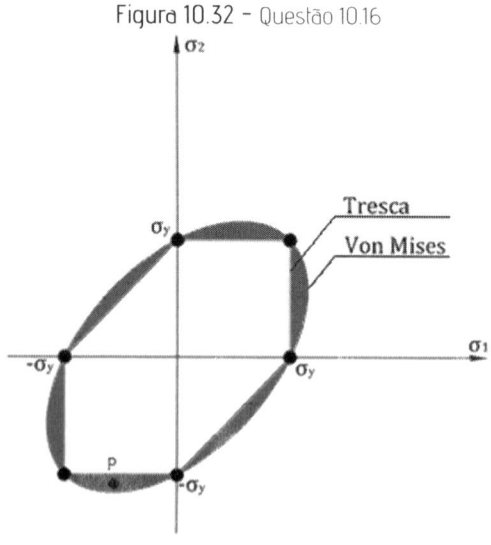

10.1.3 ENADE ARQUITETURA E URBANISMO

Para o curso de Arquitetura e Urbanismo, o conteúdo de estruturas compõe-se de questões mais conceituais, conforme será visto nos exercícios a seguir.

10.1.3.1 ENADE 2011

Questão 10.17 (ENADE 2011)

No livro **Os Pilares da Terra**, o escritor britânico Ken Follet descreveu, minuciosamente, a construção de uma catedral gótica no interior da Inglaterra no século XII. O fragmento do romance, a seguir transcrito, reflete o fascínio de Tom, o construtor, pela catedral: "Tinha trabalhado numa catedral uma vez – Exeter. No princípio havia encarado aquele trabalho como outro qualquer. [...] Entretanto percebera depois que as paredes de uma catedral não precisavam ser apenas boas, mas perfeitas. Além de a catedral se destinar a Deus, a construção era tão grande que a menor obliquidade nas paredes, o mais ínfimo desvio do nivelamento absoluto, enfraqueceria fatalmente a estrutura."

Figura 10.33 – Questão 10.17

Construção de uma catedral gótica. Disponível em: <www.lmc.ep.usp.br/people/hlinde/Estruturas/images/catgot/Esq03g.jpg>. Acesso em: 25 ago. 2010.
Fonte: ENADE (2011)

A partir do texto e da figura apresentados e considerando o sistema estrutural de uma catedral gótica, conclui-se que

I- A principal diferença entre os arcos românicos e os arcos góticos está na forma pontiaguda desses últimos, que, além de introduzir uma nova dimensão estética, tem como importante consequência a redução dos empuxos dos arcos em cerca de 50%.

II- Do ponto de vista estrutural, o gótico representou a passagem da estrutura pesada das catedrais românicas para uma estrutura mais leve, na qual os esforços eram absorvidos por um sistema estrutural com base em abóbadas de berço localizadas logo abaixo do telhado.

III- Os arcobotantes têm uma superfície superior reta e uma superfície inferior curva, de modo que seus eixos quase retos seguem a linha dos empuxos da abóbada, enquanto sua forma levemente arqueada mostra como eles suportam seu próprio peso graças à ação do arco.

IV- As paredes resistiam tanto aos esforços verticais, quanto aos esforços horizontais gerados pelo vento, abóbadas e telhado, exigindo uma preocupação maior com o comportamento estrutural, o que foi um passo fundamental na transformação do conhecimento estrutural empírico em conhecimento científico.

É correto apenas o que se afirma em:

(A) I e IV.
(B) II e III.
(C) I e III.
(D) I, II e IV.
(E) II, III e IV.

Resposta:
A alternativa correta é a letra (C).

Comentário:

I- (V); *Os arcos são classificados e definidos de acordo com a forma de suas linhas de empuxo. Para analisar o comportamento das estruturas em arco, utiliza-se, em geral, a analogia mecânica com cabos para determinação da forma da linha de empuxo.*
A linha de empuxo é o fluxo natural dos esforços de compressão em arcos ou tração em cabos. Em um cabo qualquer variação de carga provocará mudança na forma da estrutura. Já em um arco, que não pode mudar sua forma por ser rígido, transforma a variação de cargas em esforços de flexão.
O arco romano de forma semicircular é análogo a estruturas em cabo com carregamento radial uniformemente distribuído, porém com sentido contrário à distribuição no cabo, conforme mostrado na figura a seguir.

Figura 10.34 - Analogia Arco Romano

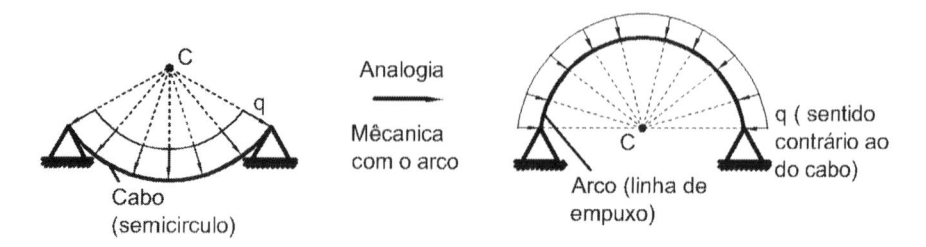

Os arcos góticos pontiagudos são análogos às estruturas em cabo com carregamento vertical, uniformemente distribuído, também, com sentido contrário ao carregamento do cabo equivalente, conforme mostrado na figura a seguir.

Figura 10.35 - Analogia Arco Gótico

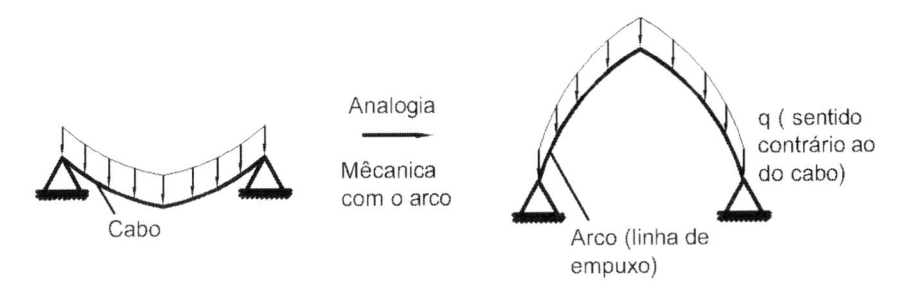

Como pode ser observado nas duas figuras anteriores, o arco gótico está predominantemente submetido à compressão e o arco romano, submetido a esforços de compressão e flexão, essencialmente. Este fato torna o arco gótico mais eficiente que o arco romano, além de introduzir uma nova filosofia estética na construção de arcos.

II- (F); *As abóbadas representam a translação do arco na direção horizontal, perpendicularmente ao seu plano, independentemente do tipo de arco, ou seja, a abóbada não constitui uma estrutura característica apenas do arco gótico.*

III- (V); O arcobotante é um construção em forma de meio arco, que fica situado entre o contraforte e a parede externa da edificação, com a função de transmitir os esforços de empuxo lateral da abóbada. Como pode ser observado, os arcobotantes possuem superfície superior reta e superfície inferior curva.

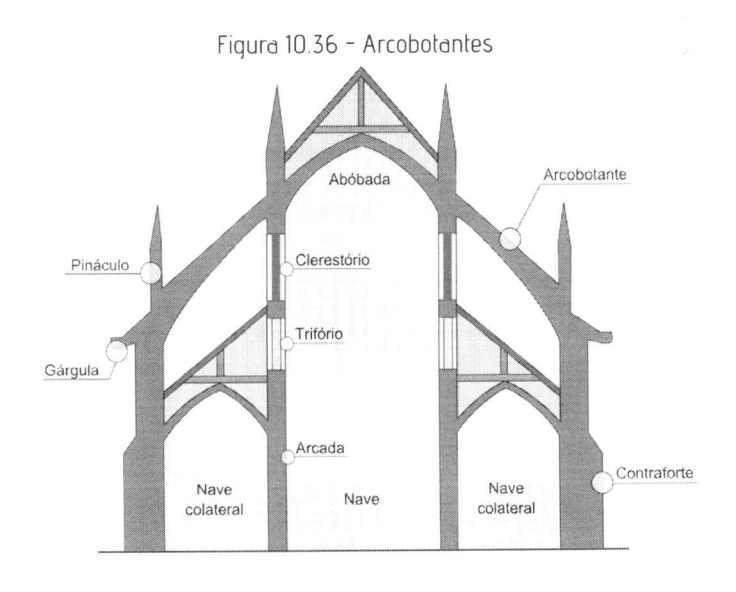

Figura 10.36 - Arcobotantes

Fonte: Brasil Arte Enciclopédia

IV- (F); *As paredes não resistem aos esforços horizontais, elas resistem apenas aos esforços verticais. Quando há a presença de esforços horizontais são necessários sistemas de contraventamentos adequados.*

Assim a alternativa correta é a alternativa de letra (C).

Questão 10.18 (ENADE 2011)

Existem relações favoráveis entre balanços e vãos, que resultam em valores mínimos de momentos na viga. Essas relações são econômicas por apresentarem momentos negativos iguais aos positivos, portanto, mínimos. As relações da figura a seguir são obtidas a partir de vigas com carregamento uniformemente distribuído. As medidas estão apresentadas em centímetros.

> REBELLO, Y. C. P. A. **Concepção estrutural e a Arquitetura.**
> *São Paulo: Zigurate, 2001. p. 99. (com adaptações).*

Nesse contexto, qual das vigas representadas nos esquemas a seguir é a mais econômica?

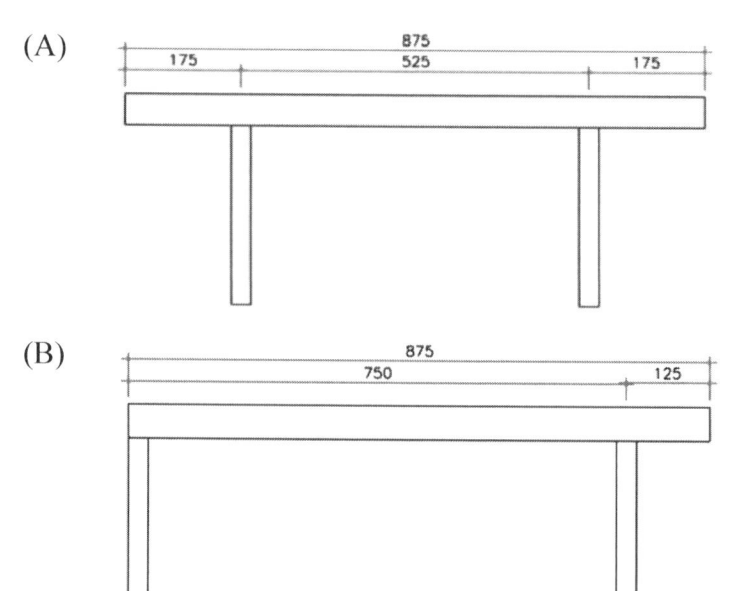

(A) 175 | 525 | 175 (875)

(B) 750 | 125 (875)

(C)

875
125 | 625 | 125

(D)

875
700 | 175

(E)

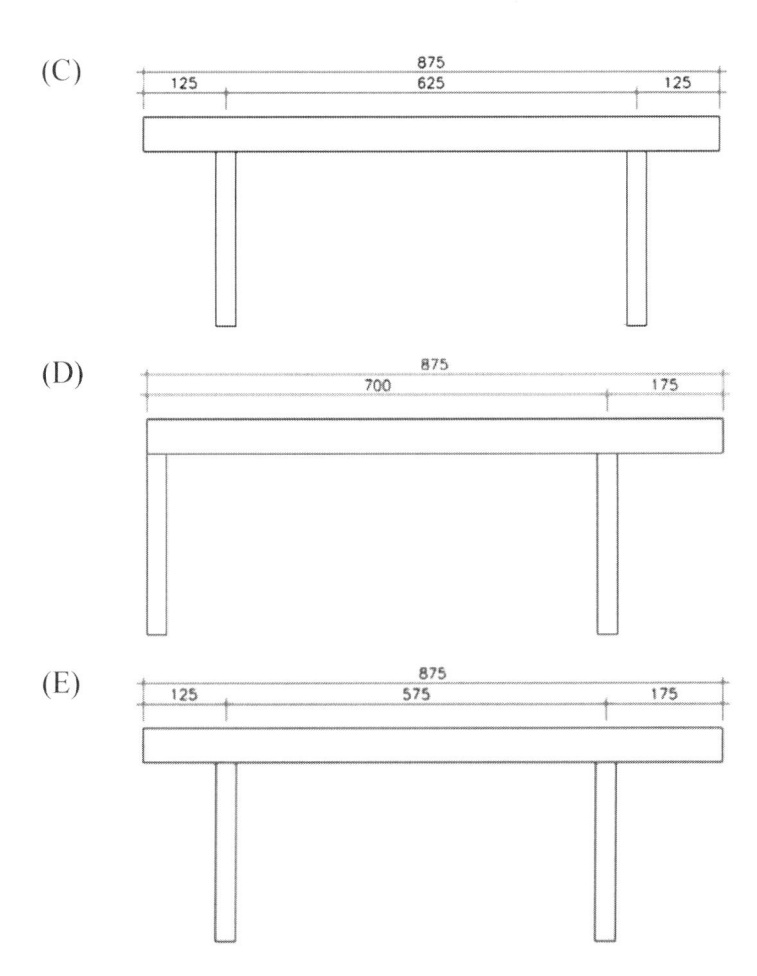

875
125 | 575 | 175

Resposta:

A alternativa correta é a letra (A).

Comentário:

Conforme apresentado no Módulo 1 "Elementos de Análise Estrutural", para a análise das alternativas apresentadas, deve-se igualar o momento provocado no meio do vão e o provocado pelo balanço, achando-se assim a relação entre o vão com maior economia em termos de esforços solicitantes.

Para uma estrutura com dois balanços de mesmo vão, o cálculo é feito conforme indicado a seguir.

Figura 10.37 - Estrutura com dois balanços

Por ser uma estrutura simétrica, as reações de apoio são a metade da resultante da carga para cada apoio:

$$V_A = \frac{q.L}{2} \quad e \quad V_B = \frac{q.L}{2}$$

Cálculo dos momentos internos:

Figura 10.38 - Trecho 1
$0 \leq x \leq a$

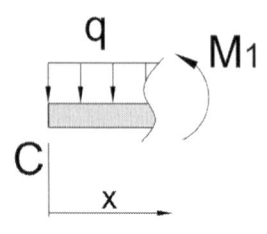

$$\sum M_1 = 0 \rightarrow M_1 + q.x.\frac{x}{2} = 0$$

$$M_1 = -\frac{q.x^2}{2}$$

$M_{1,máx}$ quando $x = a$

$$M_{1,máx} = -\frac{q.a^2}{2}$$

Figura 10.39 - Trecho 2
$a \leq x \leq a+b$

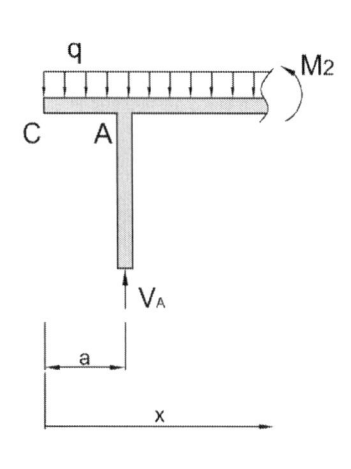

$$\sum M_2 = 0 \rightarrow M_2 + q.x.\frac{x}{2} - V_A.(x-a) = 0$$

$$M_2 = -\frac{q.x^2}{2} + \frac{q.L}{2}.(x-a)$$

$$M_2 = -\frac{q.x^2}{2} + \frac{q.L.x}{2} - \frac{q.L.a}{2}$$

$M_{2,máx}$ quando $x = \frac{L}{2}$

$$M_2 = -\frac{q.L^2}{8} + \frac{2.q.L.L}{8} - \frac{q.L.a}{2}$$

$$M_2 = \frac{q.L^2}{8} - \frac{q.L.a}{2}$$

Igualando o módulo dos momentos $|M_{1,máx}| = |M_{2,máx}|$

$$\frac{q.a^2}{2} = \frac{q.L^2}{8} - \frac{q.L.a}{2} \rightarrow a^2 + L.a - \frac{L^2}{4} = 0$$

Considerando o (L=1) para descobrir a relação de (a) com (L), fica:

$a^2 + a - \frac{1}{4} = 0$ que corresponde um polinômio de 2º grau com raízes iguais a

{0,21 ; −1,21}

Usando a raiz positiva de (0,21) que é aproximadamente $\frac{1}{5}$

Então $a \cong \frac{1}{5}$

Para que a estrutura fique econômica as relações devem ser:

Figura 10.40 - Estrutura econômica, dois balanços

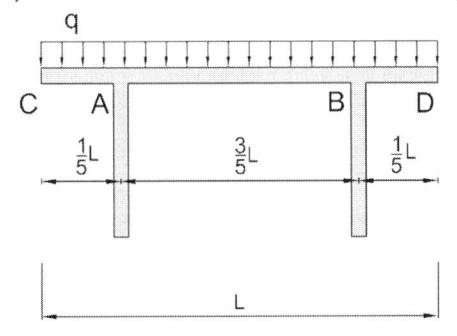

Para a estrutura com um balanço, o cálculo é feito da seguinte maneira:

Figura 10.41 - Estrutura com um balanço

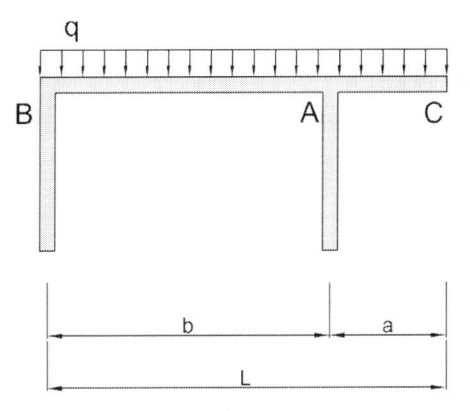

$$\sum M_B = 0 \rightarrow V_A.(L-a) - q.\frac{L^2}{2} = 0 \quad \rightarrow \quad V_A = \frac{q.L^2}{2.(L-a)}$$

$$\sum F_V = 0 \rightarrow V_A + V_B - q.L = 0$$

$$V_B = -\frac{q.L^2}{2.(L-a)} + q.L$$

Figura 10.42 – Trecho 1
$0 \leq x \leq a$

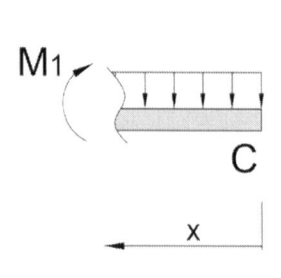

$$\sum M_1 = 0 \rightarrow -M_1 - q \cdot x \cdot \frac{x}{2} = 0$$

$$M_1 = -\frac{q \cdot x^2}{2}$$

$M_{1,máx}$ quando $x = a$

$$M_{1,máx} = -\frac{q \cdot a^2}{2}$$

Figura 10.43 – Trecho 2
$0 \leq x \leq (L - a)$

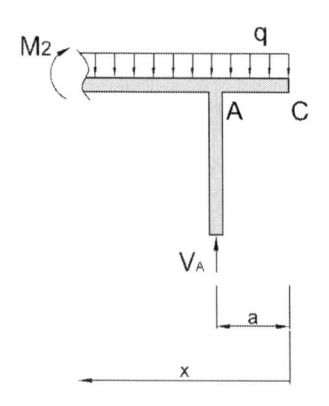

$$\sum M_2 = 0 \rightarrow -M_2 + V_a \cdot (x - a) - q \cdot \frac{x^2}{2} = 0$$

$$M_2 = \frac{q \cdot L^2}{2 \cdot (L - a)} \cdot (x - a) - \frac{q \cdot x^2}{2}$$

$$M_2 = \frac{q \cdot L^2 \cdot x}{2 \cdot (L - a)} - \frac{q \cdot L^2 \cdot a}{2 \cdot (L - a)} - \frac{q \cdot x^2}{2}$$

Sabe-se que onde a cortante é zero o momento é máximo no local.

Para encontrar o momento máximo deriva-se a equação encontrada, determinando-se a cortante e igualando a zero, achando assim o respectivo ponto de ação do momento.

$$\frac{dM_2}{dx} = \frac{q \cdot L^2}{2 \cdot (L - a)} - q \cdot x = 0 \quad \rightarrow \quad x = \frac{L^2}{2 \cdot (L - a)}$$

$M_{2,máx}$ para $x = \dfrac{L^2}{2 \cdot (L - a)}$

$$M_{2,máx} = \frac{q \cdot L^2}{2 \cdot (L - a)} \cdot \left(\frac{L^2}{2 \cdot (L - a)} \right) - \frac{q \cdot L^2 \cdot a}{2 \cdot (L - a)} - \frac{q}{2} \cdot \left(\frac{L^2}{2 \cdot (L - a)} \right)^2$$

$$M_{2,máx} = \frac{q \cdot L^4}{4 \cdot (L-a)^2} - \frac{q \cdot L^2 \cdot a}{2 \cdot (L-a)} - \frac{q \cdot L^4}{8 \cdot (L-a)^2}$$

$$M_{2,máx} = \frac{q \cdot L^4}{8 \cdot (L-a)^2} - \frac{q \cdot L^2 \cdot a}{2 \cdot (L-a)}$$

Igualando o módulo dos momentos $|M_{1,máx}| = |M_{2,máx}|$

$$\frac{q \cdot a^2}{2} = \frac{q \cdot L^4}{8 \cdot (L-a)^2} - \frac{q \cdot L^2 \cdot a}{2 \cdot (L-a)} \rightarrow \frac{q \cdot L^4}{8 \cdot (L-a)^2} - \frac{q \cdot L^2 \cdot a}{2 \cdot (L-a)} - \frac{q \cdot a^2}{2} = 0$$

$$\frac{q \cdot L^4}{8 \cdot (L-a)^2} - \frac{q \cdot L^2 \cdot a \cdot 4 \cdot (L-a)}{8 \cdot (L-a)^2} - \frac{q \cdot a^2 \cdot 4 \cdot (L-a)^2}{8 \cdot (L-a)^2} = 0$$

$$q \cdot L^4 - 4 \cdot q \cdot L^3 \cdot a + 4 \cdot q \cdot L^2 \cdot a^2 - 4 \cdot q \cdot L^2 \cdot a^2 + 8 \cdot q \cdot a^3 \cdot L - 4 \cdot q \cdot a^4 = 0$$

$$-4 \cdot q \cdot a^4 + 8 \cdot q \cdot a^3 \cdot L - 4 \cdot q \cdot L^3 \cdot a + q \cdot L^4 = 0$$

Dividindo todos os termos por (q) fica:

$$-4 \cdot a^4 + 8 \cdot a^3 \cdot L - 4 \cdot L^3 \cdot a + L^4 = 0$$

Considerando (L) igual a 1 para achar a relação de (a):

$$-4 \cdot a^4 + 8 \cdot a^3 - 4 \cdot a + 1 = 0$$

Encontrando as quatro raízes do polinômio $a = \{0,29;\ 0,71;\ -0,71;\ 1,71\}$

A raiz que atende ao problema é a raiz $(a = 0,29)$ que é aproximadamente $\frac{2}{7}$

Para que a estrutura seja econômica, as relações devem ser conforme a figura ao lado.

Como todas as alternativas apresentam o mesmo valor de vão total, ao analisar as alternativas deve-se atentar para os seguintes pontos:

Figura 10.44 - Estrutura econômica, um balanço

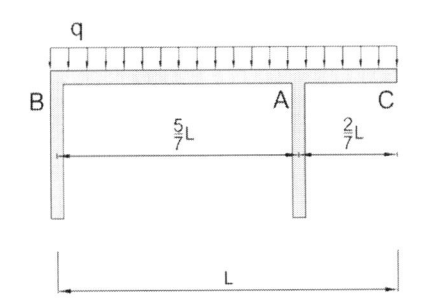

- A verificação de economia e eficiência deve ser feita por meio das relações anteriormente obtidas;
- A estrutura que possui dois balanços é a estrutura mais eficiente e econômica por possuir uma relação de vãos menores.

Desta forma, se aparecerem duas respostas possíveis de serem verdadeiras e uma delas é de um balanço e a outra de dois, a alternativa mais econômica será a que atender aos dois pontos.

Assim, analisa-se cada alternativa:

(A) *Estrutura com dois balanços*

Verificação de relação de vão por balanço

$L = 875\ cm$

Vão do balanço deve ser

$$a = \frac{1}{5} \cdot L \quad \rightarrow \quad a = \frac{1}{5} \cdot 875 \quad \rightarrow \quad a = 175\ cm$$

Vão do balanço da estrutura $a = 175\ cm$, tornando-a uma alternativa econômica.

(B) *Estrutura com um balanço*

Verificação de relação de vão por balanço

$L = 875\ cm$

Vão do balanço deve ser

$$a = \frac{2}{7} \cdot L \quad \rightarrow \quad a = \frac{2}{7} \cdot 875 \quad \rightarrow \quad a = 250\ cm$$

Vão do balanço da estrutura $a = 125\ cm$, não atingindo a meta econômica, alternativa incorreta.

(C) *Estrutura com dois balanços*

Verificação de relação de vão por balanço

$L = 875\ cm$

Vão do balanço deve ser

$$a = \frac{1}{5}.L \quad \rightarrow \quad a = \frac{1}{5}.875 \quad \rightarrow \quad a = 175\,cm$$

Vão do balanço da estrutura a = 125 cm, não atingindo a meta econômica, alternativa incorreta.

(D) *Estrutura com um balanço*

Verificação de relação de vão por balanço

L = 875 cm

Vão do balanço deve ser

$$a = \frac{2}{7}.L \quad \rightarrow \quad a = \frac{2}{7}.875 \quad \rightarrow \quad a = 250\,cm$$

Vão do balanço da estrutura a = 175 cm, não atingindo a meta econômica, alternativa incorreta.

(E) *Estrutura com dois balanços*

Esta estrutura apresenta dois balanços com vãos diferentes, tornando essa estrutura antieconômica por não igualar todos os momentos do problema. Alternativa incorreta.

Assim a alternativa correta é a alternativa de letra (A), que corresponde a uma estrutura econômica e desbancou as alternativas posteriores.

Questão 10.19 (ENADE 2011)

As figuras a seguir mostram o Estádio Municipal de Braga, em Portugal, projetado por Eduardo Souto de Moura.

Figura 10.45 - Questão 10.19

Imagens de Leonardo Finotti. Disponíveis em:
<www.plataformaarquitectura.cl/2011/06/08/estado-municipal-de-braga-eduardo-souto-de-moura>.
Acesso em: 26 ago. 2011.

Fonte: ENADE (2011)

Considerando a concepção estrutural desse estádio, verifica-se que

I- A cobertura se constitui em um sistema estrutural de massa ativa.
II- A inclinação da estrutura externa contribuiu para a estabilização do sistema.
III- O peso próprio das coberturas apoiadas sobre os cabos auxiliam na estabilização do sistema.

É correto apenas o que se afirma em

(A) I.
(B) II.
(C) I e II.
(D) I e III.
(E) II e III.

Resposta:
A alternativa correta é a letra (E).

Comentário:

I- (F); *Sistemas estruturais de massa-ativa são formados basicamente por elementos lineares de material resistente a solicitações de compressão, tração e flexão. A cobertura é constituída por um sistema que trabalha somente com tração.*

II- (V); *O peso próprio da estrutura formará uma componente de força vertical que criará um momento instabilizador (M2) na arquibancada. O cabo propicia a existência de um momento estabilizador (M1), equilibrando assim o sistema.* $\sum M_z = 0$. *A figura evidencia isso.*

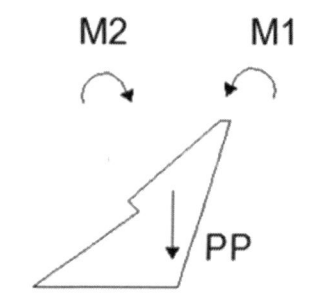

Figura 10.46 – Demonstração dos esforços

III- (V); O *peso próprio da cobertura em conjunto com o peso próprio da estrutura de concreto faz com que o cabo trabalhe de forma tracionada, auxiliando na estabilização e travamento do sistema.*

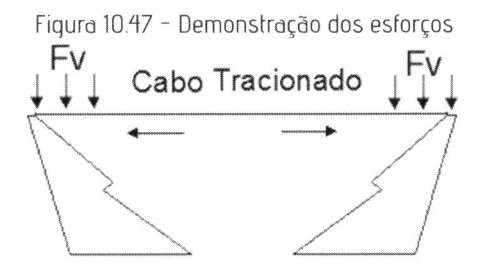

Figura 10.47 - Demonstração dos esforços

Ao analisar os itens a alternativa correta corresponde a alternativa de letra (E).

10.1.3.2 ENADE 2008

Questão 10.20 (ENADE 2008)

Observe o gráfico e as ilustrações a seguir.

Figura 10.48 - Questão 10.20

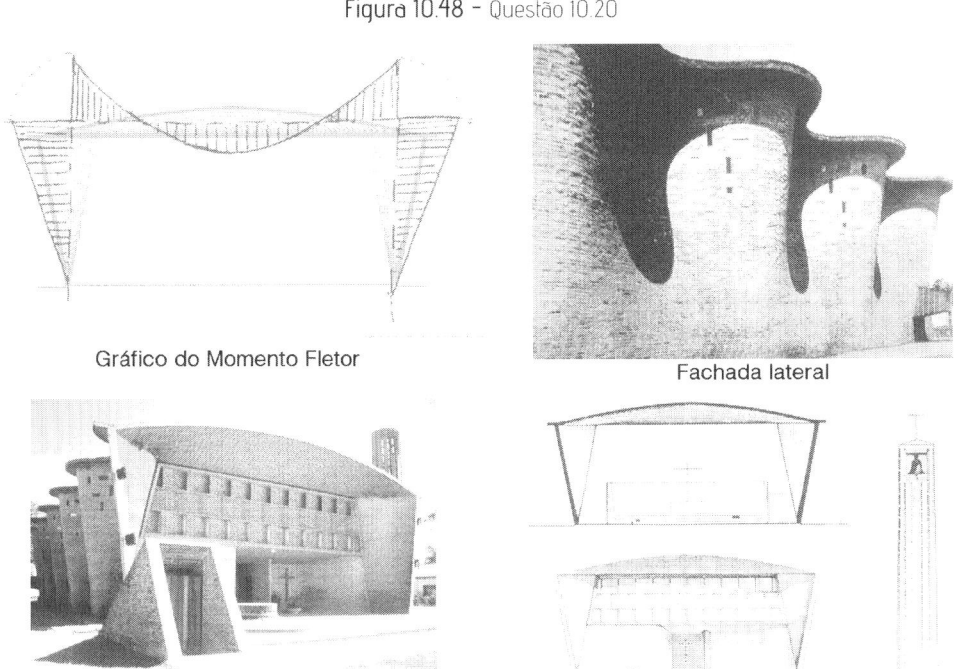

Gráfico do Momento Fletor

Fachada lateral

Fachada frontal

Corte e elevação da Igreja de Atlântida

Fonte: ENADE (2008)

Analisando o gráfico do momento fletor que descreve o comportamento estrutural da Igreja de Atlântida – cidade de Atlântida, Uruguai, 1952/1959 (arquitetura e engenharia: Eládio Dieste) – e as demais ilustrações, verifica-se que

(A) as paredes laterais formam com as lâminas de cobertura uma estrutura porticada.
(B) a base da parede, onde a curvatura é nula, funciona como um apoio engastado.
(C) se trata de um sistema estrutural que se utiliza de vigas simplesmente apoiadas nos pilares.
(D) se trata de uma estrutura porticada, permitindo que o conjunto apresente grandes dimensões dos seus componentes.
(E) se trata de uma estrutura em concreto armado, revestida com tijolos.

Resposta:
A alternativa correta é a letra (A).

Comentário:
Conforme as figuras do enunciado, pode-se concluir que:

(A) (V); O *corte lateral mostra que a estrutura pode ser considerada um pórtico, biapoiado.*
(B) (F); *O gráfico de momento fletor mostra que o momento na base da parede é nulo. Dessa forma, a mesma não funciona como engaste e sim um apoio articulado fixo.*
(C) (F); *De acordo com o gráfico de momento fletor, trata-se de vigas bi engastadas.*
(D) (F); *O fato de ser uma estrutura em pórtico hiperestático (número de vínculos maior que o número de equações de equilíbrio) permite que o conjunto apresente pequenas dimensões dos seus componentes.*
(E) (F); *Em momento algum ou somente pela análise da figura pode-se afirmar categoricamente o material da estrutura.*

Questão 10.21 (ENADE 2008)

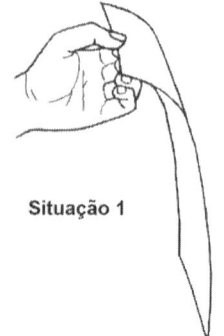

Figura 10.49 – Questão 10.21

Na ilustração, a mesma folha de papel é mostrada em duas situações.

Situação 1

Situação 2

Fonte: ENADE (2008)

Por que a folha de papel, na **Situação 2**, não apenas vence um vão em balanço, como também suporta a carga de um lápis?

(A) Porque, na segunda situação, o pesquisador segurou a folha mais rigidamente, criando um engaste.
(B) Porque, com a curvatura, a matéria se distancia do centro de gravidade, obtendo mais inércia e resistência.
(C) Porque o papel da primeira situação flambou.
(D) Porque o papel da segunda situação cisalhou.
(E) Porque o momento fletor no apoio da primeira situação é nulo.

Resposta:
A alternativa correta é a letra (B).

Comentário:
(A) (F); *Segurar a folha mais rigidamente não a torna um engaste.*
(B) (V); *Com a curvatura a inércia da folha deixa de ser quase desprezível, aumentando assim a rigidez da folha e consequentemente seu deslocamento vertical.*
(C) (F); *Existe flambagem apenas para carga de compressão, o que não é a situação apresentada.*
(D) (F); *Caso a folha tivesse rompido por cisalhamento, ela teria sido cortada, não fletida como mostrado.*
(E) (F); *Nas duas situações apresentadas o momento fletor não é nulo.*

Questão 10.22 (ENADE 2008)

Observe, a seguir, as imagens do Aeroporto Internacional Dulles (Virgínia, EUA, 11958-62), concebido pelo arquiteto Eero Saarinen.

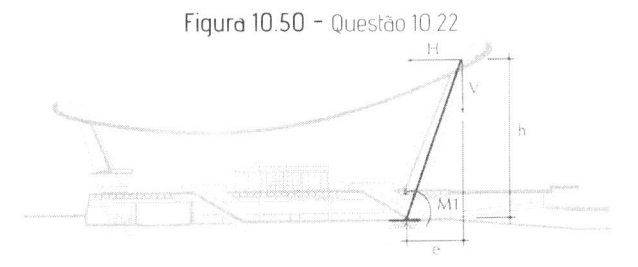

Figura 10.50 - Questão 10.22

Fonte: ENADE (2008)

Analisando o comportamento estrutural do edifício, conclui-se:

(A) se os pilares fossem verticais, os momentos aplicados a eles, advindos da força do empuxo, seriam muito maiores do que na solução proposta pelo arquiteto.
(B) se os pilares fossem verticais, eles seriam mais aptos a transmitir as cargas da cobertura ao solo.
(C) com a inclinação dos pilares, a totalidade dos momentos do empuxo é absorvida pelos momentos contrários aplicados pelas cargas verticais.
(D) a forma arquitetônica adotada pouco colabora com as dimensões estruturais do edifício.
(E) a inclinação dos pilares não tem importância, pois trata-se de um vão insignificante.

Resposta:
A alternativa correta é a letra (A).

Comentário:

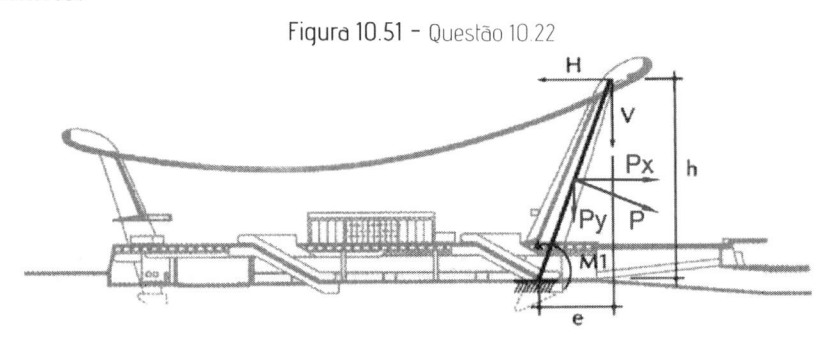

Figura 10.51 – Questão 10.22

Fonte: Adaptada do ENADE (2008)

(A) (V); O *pilar inclinado faz com que surjam componentes do peso próprio da estrutura, como mostrado na figura acima. Essas componentes são responsáveis por gerar momentos contrários ao momento criado pela força do empuxo (H). Dessa maneira, o momento M1 seria maior se os pilares fossem verticais.*
(B) (F); *A transmissão de cargas da cobertura ao solo seria apta das duas formas (pilar inclinado ou pilar retilíneo). Porém, com o pilar inclinado obtém-se um menor momento aplicado à estrutura.*
(C) (F); *Não é possível afirmar que a totalidade dos momentos do empuxo é absorvida. Não se tem informações relativas aos módulos de forças aplicadas na estrutura e nem das dimensões.*
(D) (F); *A forma arquitetônica projetada contribui muito para as dimensões estruturais do edifício. O vão da construção é muito grande e por isso exige uma estrutura mais robusta.*
(E) (F); *Como se pode ver na figura, o vão é bastante significativo.*

Assim a alternativa correta é a alternativa de letra (A).

Questão 10.23 (ENADE 2008)

Figura 10.52 - Questão 10.23

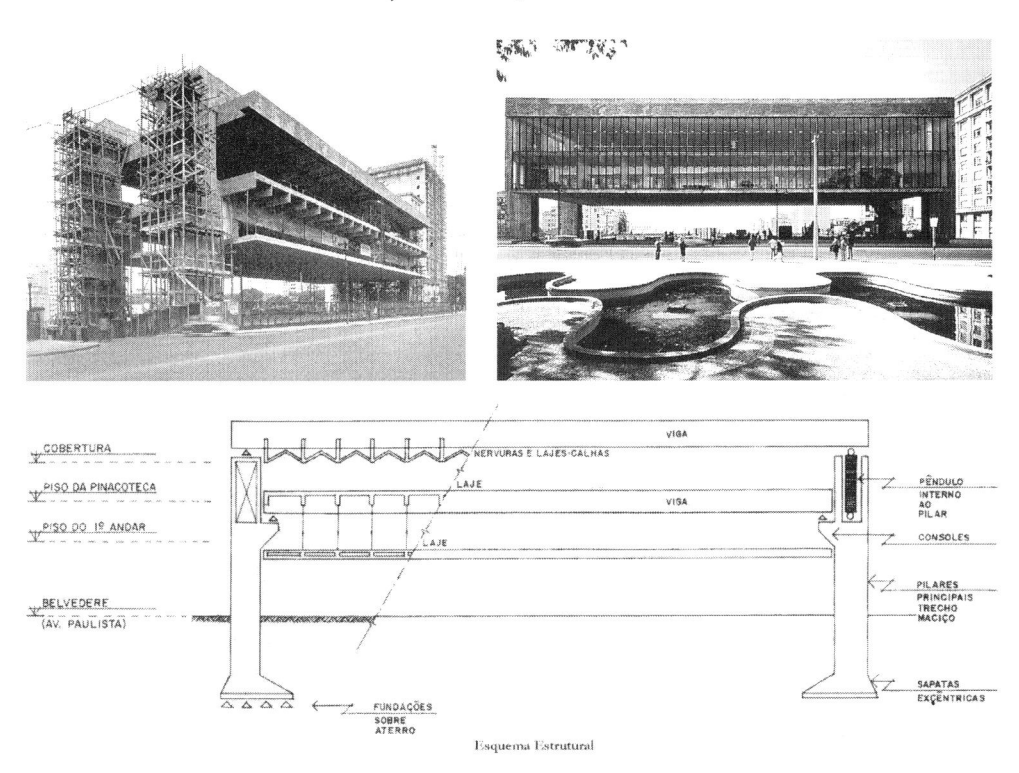

Fonte: ENADE (2008)

O edifício do MASP (1957-1969), em São Paulo, de Lina Bo Bardi, apresenta uma estrutura que vence um vão de 70 metros, liberando o espaço do térreo, assim respeitando a exigência da Prefeitura de manter o belvedere pré-existente. A solução estrutural de Figueiredo Ferraz resolveu o problema em questão, gerando o conhecido "vão livre" que caracteriza o edifício.

Analisando as imagens, constata-se que a viga principal

(A) sustenta a cobertura.
(B) sustenta a cobertura e atiranta, por meio de pendurais, todos os pavimentos.
(C) sustenta a laje da pinacoteca e, por meio de pendurais, atiranta a laje do 1º piso.
(D) coloca-se em balanço sobre o vão livre.
(E) engasta-se nos pilares.

Resposta:

A alternativa correta é a letra (C).

Comentário:

Figura 10.53 - Modelo evidenciando a viga principal

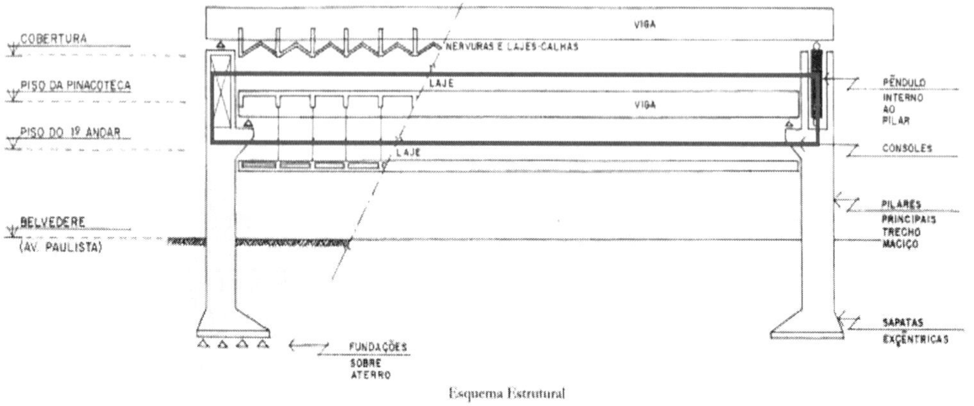

Fonte: Adaptada do ENADE (2008)

A viga principal, selecionada acima na figura, sustenta a laje da pinacoteca e também a laje do 1º andar por meio de pendurais que funcionam tracionados. Por meio da figura, pode-se concluir também que a viga principal, através dos consoles, está apoiada nos pilares da estrutura e não é engastada. Além disso, ela não sustenta a cobertura.

Assim a alternativa correta é a alternativa de letra (C).

Questão 10.24 (ENADE 2008)

Considere o estudo preliminar para uma residência unifamiliar com área externa coberta. O projeto é constituído por dois volumes sobrepostos, mas não coincidentes, com base quadrada de 15 metros de lado e 4 metros de altura (Figura A). O simples deslocamento do volume superior para criar a área protegida (Figura B) não seria possível, pois resultaria no desabamento da edificação (Figura C). Para resolver o problema, o Arquiteto pensou em duas soluções (Figuras D e E).

Figura 10.54 - Questão 10.24

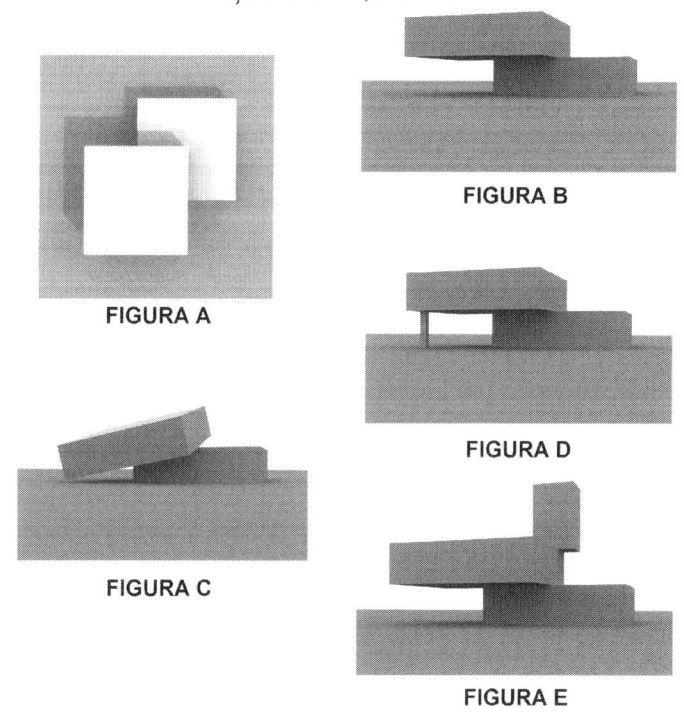

FIGURA A

FIGURA B

FIGURA C

FIGURA D

FIGURA E

Fonte: ENADE (2008)

Considerando as figuras, analise as afirmações a seguir.

I- O problema consiste na falta de um apoio para a parte em balanço do volume superior deslocado.
II- A única solução para o problema em questão seria colocar uma ou mais colunas sob o volume em balanço.
III- O excesso de carga da parte em balanço pode ser neutralizado por meio da criação de um terceiro volume, colocado de maneira que o seu momento seja equivalente ao da carga em balanço.
IV- Caso, no volume superior, predominassem superfícies envidraçadas, o problema da carga do balanço não existiria.
V- Do ponto de vista estrutural, uma solução em balanço é mais eficiente do que outra utilizando apoios convencionais.

Está(ão) correta(s) **APENAS** a(s) afirmação(ões)

(A) II
(B) I e IV
(C) III e V
(D) I, III e V
(E) II, III e IV

Resposta:

A alternativa correta é a letra (D).

Comentário:

I- (V); *Sem o apoio para a parte em balanço, o bloco de cima tende a se deslocar, girando sobre o bloco de baixo.*

II- (F); *Não pode ser considerada a única solução, pois também é possível acrescentar um terceiro volume sobre a parte apoiada do segundo volume.*

III- (V); *Poderia ser colocado um terceiro volume, para criar um momento que anule o momento do segundo volume, como mostrado na figura a seguir. Sabendo que P2 e P3 são as representações das forças de peso próprio total de seus respectivos volumes, temos que:*

$$\sum M_A = 0 \rightarrow -P_3 . D_{AB} + P_2 . D_{AC} = 0$$
$$P_3 . D_{ab} = P_2 . D_{ac}$$

Em que,

D_{AB} é a distância horizontal em linha reta dos pontos A e B; e

D_{AC} é a distância horizontal em linha reta dos pontos A e C.

Figura 10.55 - Representação da força peso das peças

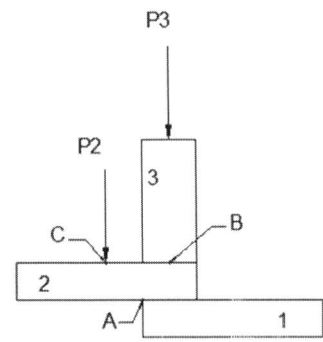

IV- (F); *Ainda assim, existiria um peso considerável que causaria um momento. Esse momento, mesmo que menor, faria a estrutura girar.*

V- (V); *Com a solução em balanço não haveria necessidade de gastos com recursos para o apoio convencional.*

Assim, a alternativa que corresponde aos itens verdadeiros é a alternativa de letra (D).

Questão 10.25 (ENADE 2008)

Em Araci do Vale, uma ONG deseja cobrir uma área para uso coletivo. Para isso, utilizará uma cobertura sustentada por treliças planas metálicas. Os pré-requisitos para a concepção da obra são: baixo peso da estrutura da cobertura, custo mais econômico, facilidade de montagem no canteiro e simplicidade na solução espacial. Qual das soluções abaixo satisfaria tais requisitos?

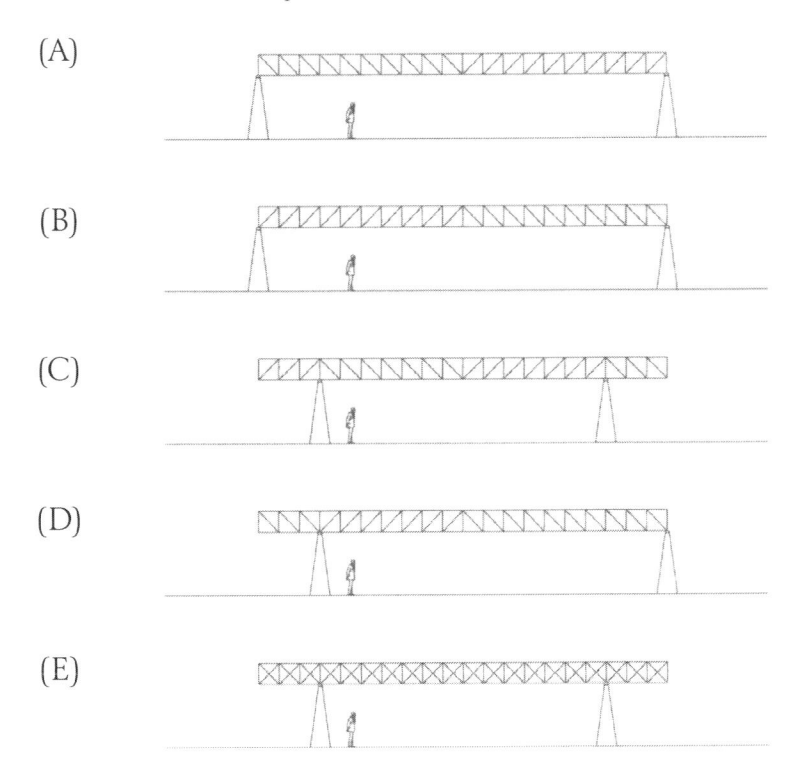

(A)

(B)

(C)

(D)

(E)

Resposta:
A alternativa correta é a letra (C).

Comentário:
Para que a solução escolhida apresente o custo mais econômico, deve-se escolher aquela que apresente um menor vão, pois o momento máximo na treliça será menor comparado aos outros casos. Os balanços também aliviam o momento fletor no centro do vão principal, produzindo flechas menos expressivas e menores esforços nos

elementos estruturais que compõe a treliça. Visando um menor peso da estrutura da cobertura, escolhe-se a treliça que apresente menor número de elementos. Finalmente, para que haja uma maior facilidade no canteiro e simplicidade na solução especial deve-se optar por uma estrutura simétrica.

Assim a alternativa correta é a alternativa de letra (C).

Questão 10.26 (ENADE 2008)

Figura 10.56 – Questão 10.26

Fonte: ENADE

Analisando-se a imagem, constata-se que o elemento construtivo assinalado com o x é

(A) tirante
(B) pilar metálico
(C) viga vagão
(D) armação da viga
(E) peça da treliça de cobertura

Resposta:
A alternativa correta é a letra (A).

Comentário:

Na figura mostrada, nota-se que a laje de baixo (piso) é sustentada pela viga acima da mesma. A laje de baixo exercerá sobre o elemento marcado na figura uma força na direção vertical para baixo e com um módulo igual aos esforços solicitantes. Sendo assim, para que o sistema continue em equilíbrio, surgirá uma reação no elemento de mesmo módulo, porém com sentido contrário. Essas duas forças fazem com que o elemento trabalhe tracionado. Portanto, dentre as alternativas, deve-se escolher o tirante, alternativa de letra (A), já que é o elemento específico para suportar esse tipo de solicitação de tração.

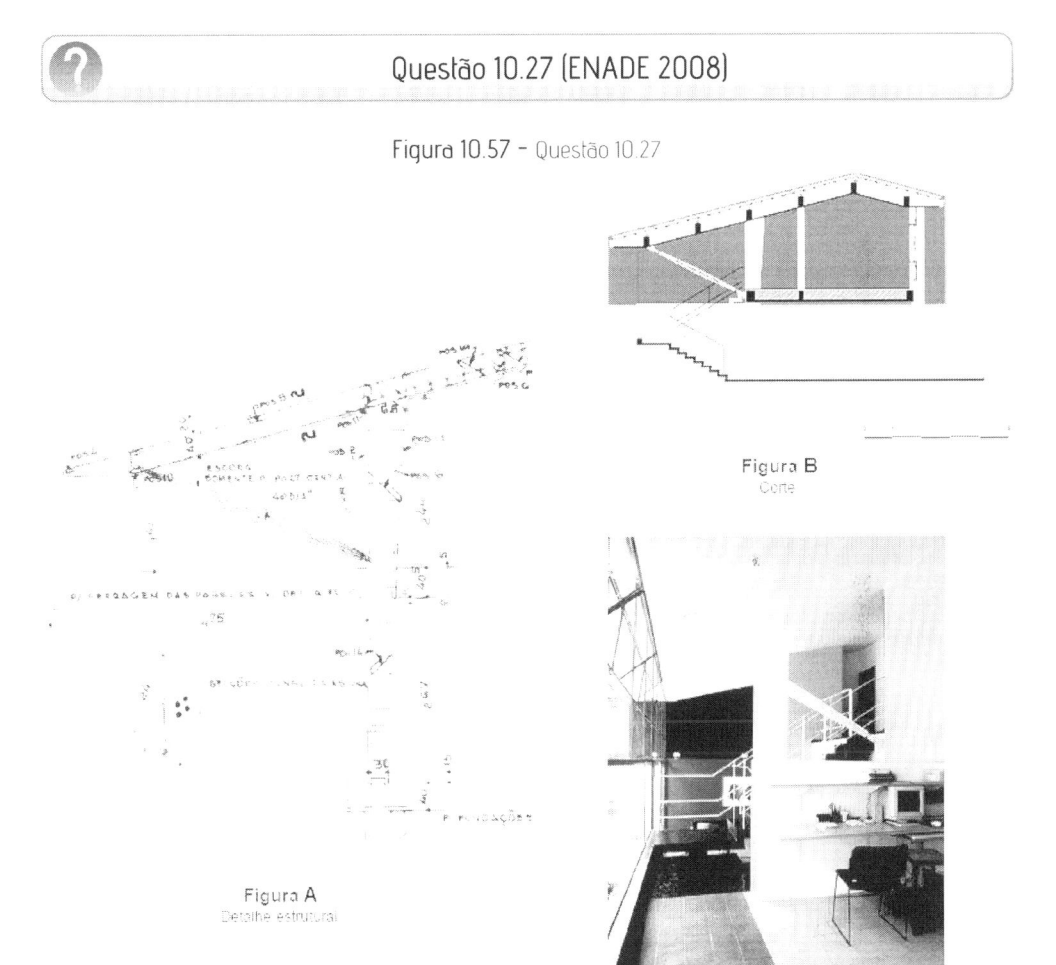

Questão 10.27 (ENADE 2008)

Figura 10.57 - Questão 10.27

Figura A
Detalhe estrutural

Figura B
Corte

Figura C
Interior

Fonte: ENADE (2008)

A casa Baeta (1956), projeto de Vilanova Artigas, apresenta solução estrutural inusitada: seis apoios e três pórticos. Os dois pórticos da fachada, frente e fundo, contam com a altura estrutural das duas paredes de concreto (empenas) para realizar o balanço assimétrico de 4,5 metros. Por problemas na execução da obra, a escora idealizada por Artigas foi substituída por um pilar improvisado em concreto, construído do lado de fora da casa.

Em reforma recente, o arquiteto Ângelo Bucci recuperou a integridade da estrutura original da casa (Figura A), reconstituindo o elemento de sustentação central do projeto original, conforme ilustrações acima (Figuras B e C).

Qual das justificativas abaixo explica a necessidade desse elemento estrutural?

(A) Impossibilidade de construção do pórtico central como uma empena, que cindiria o espaço interno.
(B) Excesso de peso da estrutura da laje intermediária.
(C) Peculiaridade da geometria do pilar.
(D) Necessidade de atirantar a laje intermediária.
(E) Ausência de elementos ornamentais internos.

Resposta:
A alternativa correta é a letra (A).

Comentário:

Sem o uso da escora (mão francesa), teria que ser implementado uma solução construtiva que dividiria o espaço interno da casa, dificultando o trânsito de pessoas e objetos. Portanto, pode-se concluir que a escolha da escora permitiu uma otimização do espaço interno da edificação. Resumidamente, tem-se:

(A) (V); *uma empena ou viga invertida prejudicaria a utilização do espaço interno da edificação.*
(B) (F); *Esse tópico se aplica simultaneamente aos 3 pórticos.*
(C) (F); *Em nenhum momento foi tratado a questão da geometria do pilar ao longo do texto.*
(D) (F); *Atirantamento não é a causa do problema e sim uma possível solução estrutural.*
(E) (F); *Essa justificativa não tem base teórica em Engenharia de Estruturas.*

Assim a alternativa correta é a alternativa de letra (A).

Questão 10.28 (ENADE 2008)

Figura 10.58 – Questão 10.28

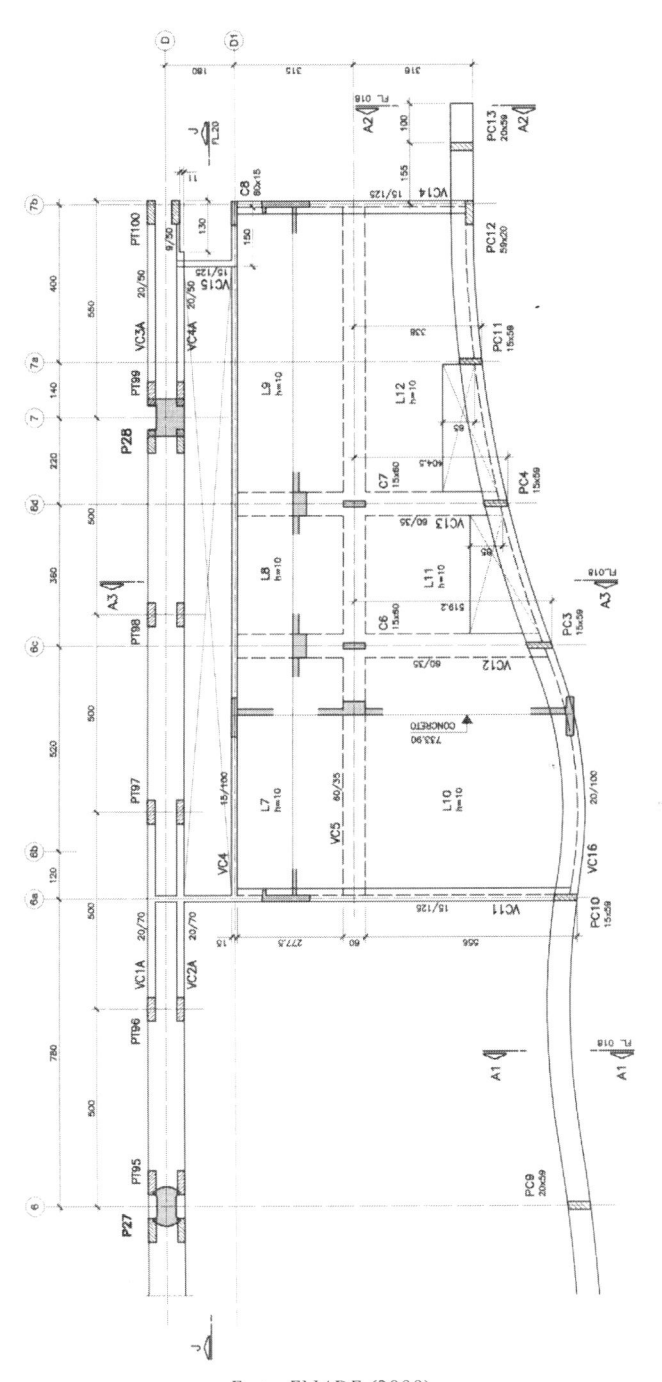

Fonte: ENADE (2008)

Analisando a planta de um projeto executivo de estruturas em concreto armado, acima, verifica-se que

(A) as vigas VC4 e VC16 possuem a mesma seção, com altura de 100 cm.
(B) as vigas VC5, VC12 e VC13 possuem a mesma seção, com altura de 60 cm.
(C) a viga VC16 balança 100 cm em relação ao eixo da viga VC14.
(D) a altura da viga VC13 é 35 cm.
(E) VC11, VC4 e VC14 são vigas de borda e possuem o mesmo detalhe de pingadeira.

Resposta:
A alternativa correta é a letra (D).

Comentário:
(A) (F); *A viga VC4 possui largura de 15 cm, enquanto que a viga VC16 possui largura de 20 cm.*
(B) (F); *A altura das vigas VC5, VC12 e VC13 é 35 cm.*
(C) (F); *O balanço da viga VC16 em relação a viga VC14 é de 255cm.*
(D) (V); *VC13 tem altura de 35cm.*
(E) (F); *VC4 não é viga de borda, portanto não possui pingadeira*

10.1.3.3 ENADE 2005

Questão 10.29 (ENADE 2005)

Analise, abaixo, a secção da estrutura da Galeria de Exposição do Museu de Arte Moderna do Rio de Janeiro, também projetado por A. E. Reidy.

Figura 10.59 - Questão 10.29

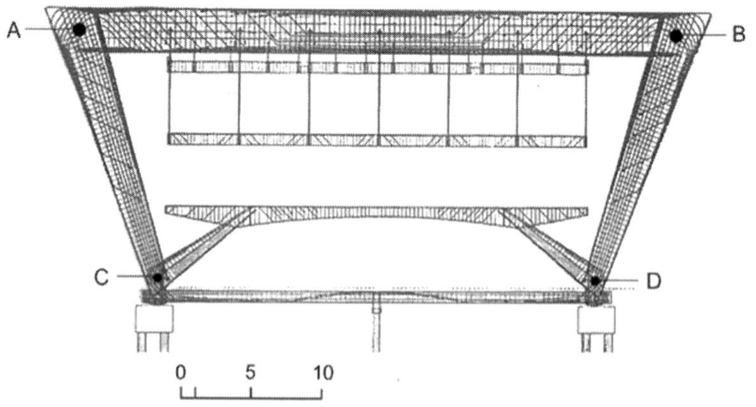

Fonte: ENADE (2005)

Com relação aos vínculos A, B, C e D, conclui-se que

(A) todos os vínculos são articulados fixos.
(B) todos os vínculos são engastes.
(C) os vínculos A, C e D são articulados fixos e o vínculo B é articulado móvel.
(D) os vínculos C e D são articulados móveis e os vínculos A e B são engastes.
(E) os vínculos A, B e C são engastes e o vínculo D é um articulado móvel.

Resposta:
A alternativa correta é a letra (B).

Comentário:
(A) (F); *A ausência de rótulas no pórtico admite os vínculos engastados.*
(B) (V); *Trata-se de um pórtico hiperestático onde os vínculos A, B, C e D são engastados.*
(C) (F); *Conforme apresentado no item (B) anterior, todos os vínculos em questão são engastados.*
(D) (F); *Conforme apresentado no item (B) anterior, todos os vínculos em questão são engastados.*
(E) (F); *Conforme apresentado no item (B) anterior, todos os vínculos em questão são engastados.*

Assim a alternativa que representa melhor essa afirmação é a alternativa de letra (B).

Questão 10.30 (ENADE 2005)

Analise os textos e as figuras a seguir.

> Marco Polo descreve uma ponte, pedra por pedra.
> "Mas qual é a pedra que sustenta a ponte?"
> pergunta Kublai Khan.
> "A ponte não é sustentada por esta ou aquela pedra,"
> responde Marco,
> "mas pela curva do arco que estas formam."
> Kublai Khan permanece em silêncio, refletindo.
> Depois acrescenta:
> "Por que falar das pedras? Só o arco me interessa."
> Polo responde:
> "Sem pedras o arco não existe."
>
> (CALVINO, Italo [1972]. As cidades invisíveis. São Paulo:
> Companhia das Letras, 1990, p. 79)

Figura 10.60 – Questão 10.30

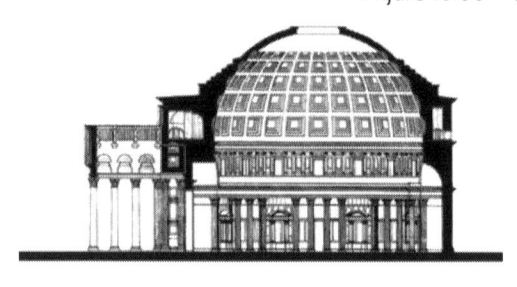

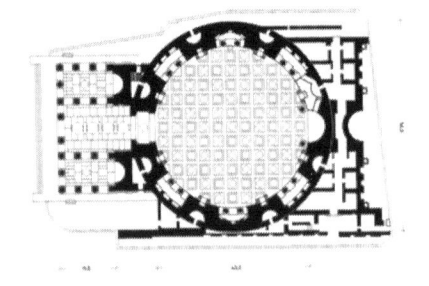

SEÇÃO DO PANTEÃO EM ROMA

PLANTA DO PANTEÃO EM ROMA

Fonte: ENADE (2005)

Há dois mil anos, numa descrição muito simplificada, catorze arcos dispostos radialmente em revolução formaram a cúpula do Panteão, em Roma, com seus 43 m de diâmetro. Chama-se pedra-chave de um arco aquela mais alta, a última a ser colocada. É ela que o completa e é somente após a sua colocação que se torna possível a retirada do cimbramento que escora o arco durante a sua construção. No Panteão, no ponto de junção dos seus catorze "arcos", justo ali onde estaria a pedra-chave comum a todos eles, há um vazio. Como isso é possível?

Que solução construtiva possibilita especificamente a existência daquela abertura?

(A) Cimbramento mantido.
(B) Teto em caixotões.
(C) Anel de compressão.
(D) Concreto armado.
(E) Vigas de aço.

Resposta:
A alternativa correta é a letra (C).

Comentário:

PROBLEMA 2D – ARCO
O arco é uma estrutura em forma curva que permite vencer o vão entre dois pontos e é composto por blocos em cunha que são colocados adjacentes, de modo que se travam pelo esforço de compressão. O bloco situado no meio do vão é colocado por último e é a peça chave para que a estrutura fique em equilíbrio, conforme a figura abaixo.

Figura 10.61 - Arco Plano

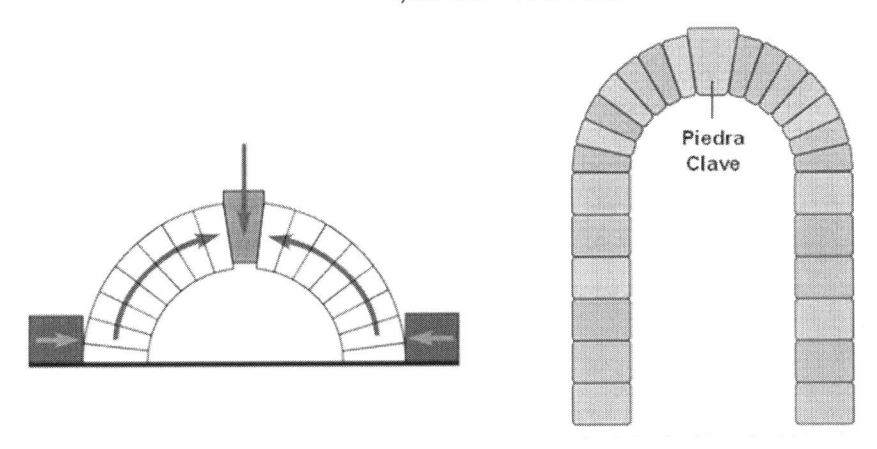

Fonte: Grandes Vãos, 2014

PROBLEMA 3D – CÚPULA (CONJUNTO DE ARCOS)

Para o Panteão de Roma, que é composto por catorze arcos formando uma cúpula, a solução construtiva mais indicada para a substituição da pedra-chave seria um anel de compressão, pois o mesmo é capaz de transmitir às pedras adjacentes os esforços de compressão, conforme a figura a seguir.

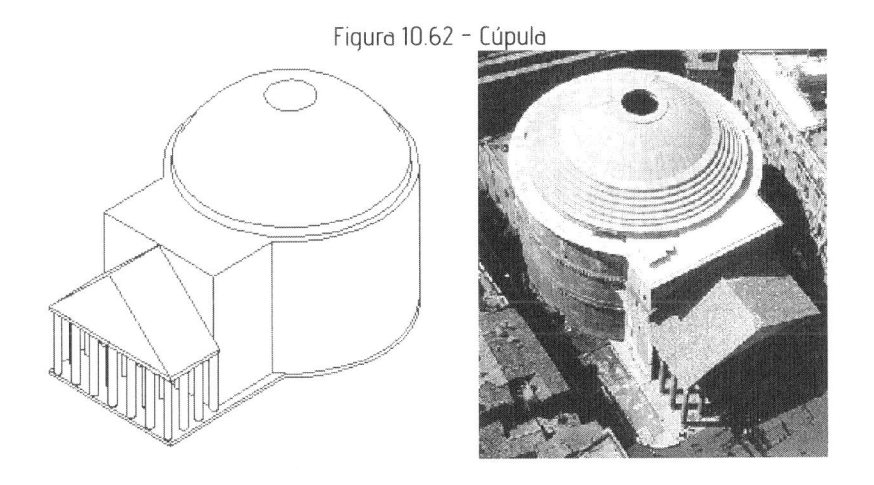

Figura 10.62 - Cúpula

Fonte: História da Arte

Dessa forma a alternativa correta é a alternativa de letra (C).

Questão 10.31 (ENADE 2005)

Considere os dois tipos de trincas estruturais representadas nas vigas A e B abaixo, frequentes em construções realizadas sem a devida orientação técnica, seja na Favela da Maré seja nas periferias das grandes cidades brasileiras, malgrado o saber construtivo popular.

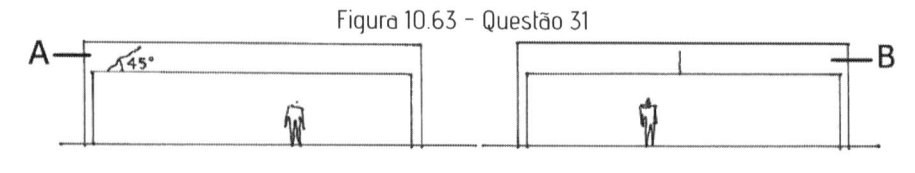

Figura 10.63 - Questão 31

Fonte: ENADE (2005)

Nessa situação pode-se afirmar que

I- A barra B sofreu preponderantemente os efeitos da força cortante.
II- A barra A sofreu preponderantemente os efeitos do momento fletor.
III- A barra B sofreu preponderantemente os efeitos do momento fletor.
IV- A barra A sofreu preponderantemente os efeitos da força cortante.

É(São) correta(s) apenas a(s) afirmação(ões)

(A) I.
(B) II.
(C) I e II.
(D) I e III.
(E) III e IV.

Resposta:
A alternativa correta é a letra (E).

Comentário:
Na estrutura A, tem-se uma fissura formando um ângulo de 45° com o eixo longitudinal. Este tipo de fissura é caracterizada pelo plano máximo de cisalhamento que sofre esta falha sob os efeitos de uma força cortante. A estrutura B apresenta uma fissura exatamente no meio da peça, este tipo de falha ocorre por influência do momento fletor que tem seu valor máximo nesse ponto. O momento fletor fará com que a viga sofra os efeitos de tração em sua parte de baixo. Fissuras mostradas como as da figura são comuns em casos onde não houve um dimensionamento correto da armadura para suportar o esforço de tração.

Assim a alternativa que apresenta a resposta correta é a alternativa de letra (E).

Questão 10.32 (ENADE 2005)

As casas Currutchet (La Plata, Argentina, 1949) e Jaoul (Neully-sur-Seine, França, 1956), ambas de autoria do arquiteto Le Corbusier, representam, respectivamente, dois modos de resolver a estrutura de um edifício. Na Currutchet, foi empregado o sistema de estrutura independente, o Dom-ino. Na Jaoul, o arquiteto empregou um sistema tradicional: paredes portantes paralelas cobertas por abóbadas de alvenaria armada, pesquisado por ele naqueles anos.

Figura 10.64 - Estrutura Independente, Dom-ino

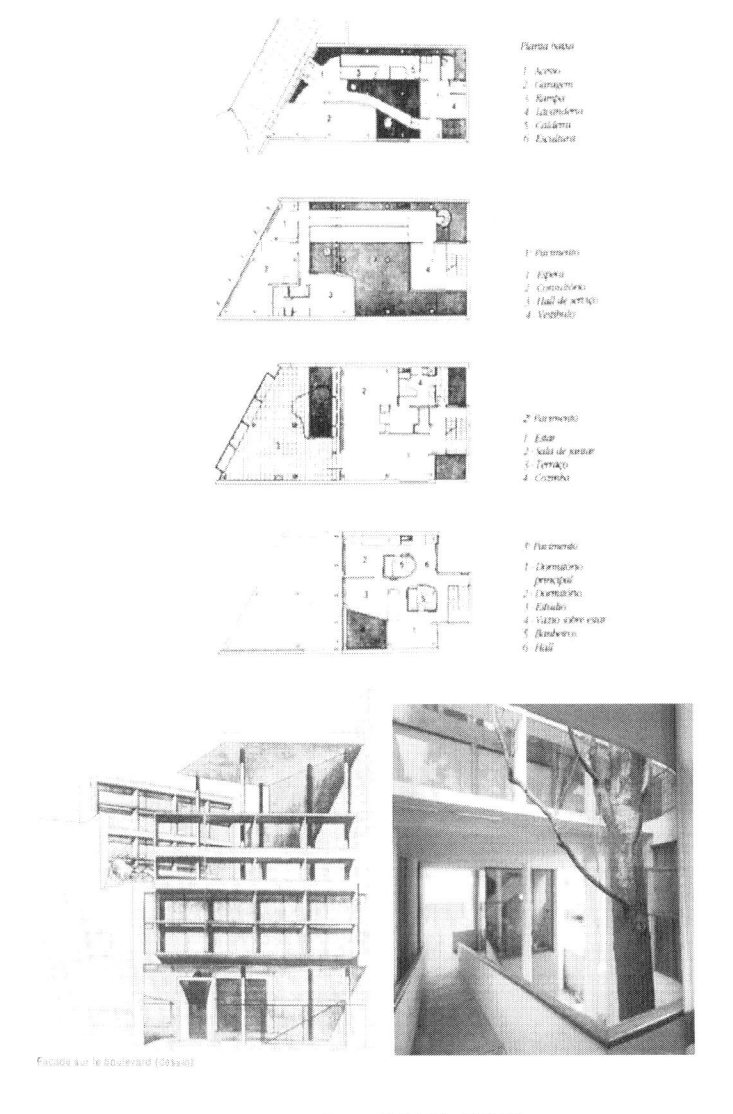

Fonte: ENADE (2005)

Figura 10.65 – Estrutura tradicional, paredes portantes

Fonte: ENADE (2005)

Com base na documentação apresentada acima e considerando as possibilidades e limitações de cada sistema, conclui-se que

(A) no sistema de esqueleto as compartimentações são totalmente dependentes das lajes, pilares e vigas.
(B) o sistema tradicional oferece mais liberdade de projeto que o Dom-ino.
(C) nenhum dos dois sistemas favorece o aparecimento de espaços de pé-direito duplo.
(D) sendo o apoio das abóbadas as paredes paralelas, há um limite para o número e o tamanho das aberturas que se pode fazer nelas.
(E) fachadas e divisórias de estrutura independente devem seguir a direção das vigas e pilares.

Resposta:
A alternativa correta é a letra (D).

Comentário:

O **sistema de estrutura independente** (Dom-ino) ou **sistema de esqueleto** ao qual o enunciado faz referência seria, em nossa realidade atual, o sistema construtivo em concreto armado convencional (NBR 6118/2014) de pórtico tridimensional, com elementos lineares de vigas e pilares e elementos de placa para as lajes.

O **sistema tradicional** ao qual o enunciado faz referência seria, em nossa realidade atual, o sistema construtivo em Alvenaria Estrutural (NBR 15812/2010) ou Paredes de Concreto (NBR 16055/2012).

(A) (F); O correto seria: no sistema tradicional de esqueleto, os compartimentos independem totalmente das lajes, pilares e vigas.
(B) (F); O correto seria: o sistema de esqueleto oferece mais liberdade de projeto que o sistema tradicional (autoportante).
(C) (F); O correto seria: os dois sistemas favorecem o aparecimento de espaços de pé--direito duplo.
(D) (V); No sistema tradicional (autoportante) não é aconselhável a utilização de grandes vãos. Esta é, portanto, uma característica do sistema autoportante.
(E) (F); O correto seria: fachadas e divisórias de estrutura independente não devem seguir necessariamente a direção da vigas, pilares e/ou lajes.

Questão 10.33 (ENADE 2005)

Uma das empresas locais parceiras do movimento Moradia Para Todos - MPT produz painéis de lajes pré-moldadas, de 1,60 m de largura e comprimento variável, e poderá fornecê-los a preços competitivos. Uma outra empresa parceira é especializada em painéis leves para divisões internas, de 2,70 m de altura e largura variável a partir de 0,40 m, e poderá fornecê-los ao custo das alvenarias convencionais. Chamada a opinar sobre as vantagens e desvantagens arquitetônicas desses materiais, a arquiteta assessora técnica emitiu um parecer que o MPT acatou. Apenas duas das assertivas abaixo estão corretas e constam do parecer.

I- A largura de 1,60 m do painel de laje inviabiliza um bom projeto, pois condiciona a forma e as dimensões dos cômodos ou leva a desperdícios de materiais. Tanto isso é verdade que os críticos pós-modernistas condenam os projetos modulados.
II- Os painéis leves reduzem o carregamento das lajes, se comparados com a alvenaria de blocos cerâmicos. Isso resulta numa estrutura portante mais econômica.
III- Como as unidades de moradia não terão área superior a 67 m2 (incluindo as circulações verticais e horizontais), a qualidade dos espaços certamente ficará prejudicada se o projeto for elaborado em função das dimensões dos painéis de laje.
IV- A coordenação modular entre os painéis de laje e de vedação pode propiciar um bom projeto, pois a ortogonalidade dos espaços não é, necessariamente, um fator que os desqualifique.
V- Os painéis leves reduzem a sobrecarga da estrutura e isso traz economia para as estruturas metálicas. Nas estruturas de concreto, não faz diferença.

Constam do parecer as assertivas

(A) I e III.
(B) I e V.
(C) II e IV.
(D) III e V.
(E) IV e V.

Resposta:
A alternativa correta é a letra (C).

Comentário:
I- (F); *A largura do painel é padrão, porém seu comprimento é variável. Isto possibilita que sejam calculadas áreas diferentes com o uso de diferentes painéis para que não haja desperdício de material. Além disso, projetos modulados vêm sendo cada vez mais usados e desenvolvidos.*
II- (V); *Os painéis mais leves utilizados no lugar de blocos cerâmicos fazem com que a carga aplicada à laje seja diminuída. Em consequência disso, será necessário menor quantidade de materiais para suportar a carga.*
III- (F); *Não haverá prejuízo, pois os painéis têm áreas variáveis.*
IV- (V); *Pois diferentes painéis podem ser usados para formar diferentes áreas.*

V- (F); *Os painéis leves trazem economia tanto para as estruturas metálicas quanto para as estruturas em concreto.*

Assim a alternativa que melhor representa a resposta correta é a alternativa de letra (C).

10.1.4 QUESTÕES DISCURSIVAS

As provas do ENADE possuem questões discursivas (abertas). O INEP libera o padrão de respostas, que será seguido aqui, juntamente com os comentários do autor, quando necessários.

10.1.4.1 ENADE Engenharia Grupo 1

Questão 10.34 DISCURSIVA (ENADE 2011)

Atualmente, observa-se grande crescimento da construção civil devido ao aquecimento da economia. Os materiais mais utilizados são o concreto e o aço. A figura a seguir mostra uma viga prismática biapoiada. Considere a situação **I**, em que a viga foi dimensionada em concreto armado C30, produzido *in loco*, com uma viga de seção retangular 20 cm × 50 cm; e a situação **II**, em que a viga foi dimensionada em um perfil I 200 × 30, com área da seção transversal de 38 cm^2; o aço utilizado nesse perfil foi o MR 250 (ASTM A36).

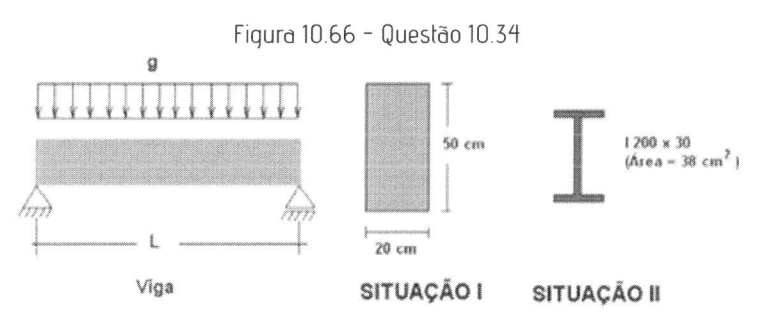

Figura 10.66 – Questão 10.34

Fonte: ENADE (2011)

Dados: peso específico do concreto = 25 kN/m^3 e peso específico do aço = 78,5 kN/m^3 e a tabela a seguir da NBR 8800 (2008), que mostra os coeficientes de ponderação para o aço estrutural e para o concreto produzido *in loco*. Tabela: valores dos coeficientes de ponderação das resistências γ_m.

Combinações	Aço estrutural γ_a		Concreto γ_c	Aço das armaduras γ_s
	Escoamento, flambagem e instabilidade γ_{a1}	Ruptura γ_{a2}		
Normais	1,10	1,35	1,40	1,15

Com relação ao uso desses dois materiais em projetos estruturais, faça o que se pede nos itens a seguir.

a) Calcule a carga uniformemente distribuída g, em kN/m, devido ao peso próprio da viga para cada material (concreto e aço).
b) Qual o valor da resistência de cálculo à compressão do concreto e o valor da resistência de cálculo ao escoamento do aço que o engenheiro deve usar no seu projeto, considerando a combinação última normal?

Padrão de resposta (ENADE):

a) Seção transversal da viga 20 cm x 50 cm.

No cálculo da carga uniformemente distribuída para a viga de concreto é necessário fazer:

g = 25 kN/m³ x 0,20 m x 0,50 m = 25 kN/m³ x 0,01 m² = 2,5 kN/m

Para o caso da seção I da viga em aço há duas possibilidades:

Primeira possibilidade: g = 78,5 kN/m3 x 38/10000 m2 = 0,2983 kN/m, ou aproximadamente 0,30 kN/m

Ou

Segunda possibilidade: Considerando a massa linear igual a 30 kg/m tem-se:

g = 30 kg/m x 9,81 m/s² (gravidade) = 294,3 N/m ou aproximadamente 0,30 kN/m

b) - CONCRETO: Concreto Classe 30, logo fck = 30 MPa e fcd=30/1,4 = 21,4 MPa
- AÇO: Aço MR 250, logo fyk = 250 MPa e fyd = 250/1,1= 227,3 MPa

Comentário:

Para o item de letra (a), o cálculo da carga uniformemente distribuída, deve-se multiplicar o peso específico do material pela área da seção transversal do material correspondente. NOTA: houve um erro de digitação na resposta padrão do ENADE, ao fazer o cálculo da área de concreto, (0,2 x 0,5 = 0,1) ao contrário do (0,01) da resposta.

Para o item de letra (b), a resistência de cálculo do concreto é feita pela razão entre a resistência característica do material pelo coeficiente de ponderação,

$$fcd = \frac{fck}{\gamma_c}$$

A resistência de cálculo da viga de aço é determinada por meio da relação entre a resistência ao escoamento do aço f_{yk} e o coeficiente de ponderação (minoração) da resistência ao escoamento Y_{a1}, ou seja:

$$fyd = \frac{fyk}{\gamma_{a1}}$$

Questão 10.35 DISCURSIVA (ENADE 2005)

A figura a seguir representa uma sapata isolada de concreto armado, de dimensões 2,40 m x 1,20 m e altura igual a 0,45 m, que recebe a carga centrada de 500 kN de um pilar retangular de dimensões 0,80 m x 0,40 m. O aço a ser utilizado é o CA-50 A.

Figura 10.67 - Questão 10.35

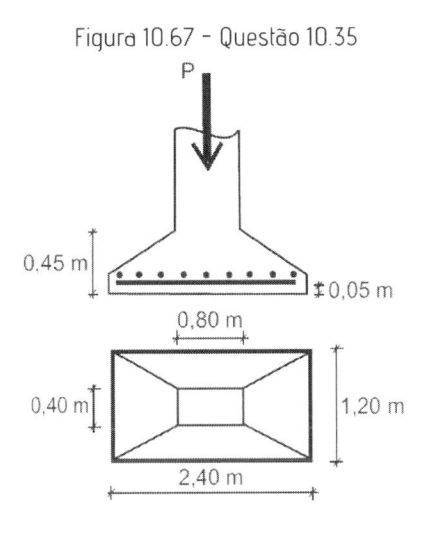

Fonte: ENADE (2005)

Calcule a área das armaduras de tração nas duas direções, utilizando o método das bielas comprimidas. [Adote um coeficiente de ponderação (antigo coeficiente de segurança) total (para majoração dos esforços e minoração da resistência característica) igual a 1,6.]

Padrão de resposta (ENADE):

Da figura sejam: a = 2,40 m; b = 1,20 m; a_0 = 0,80 m; b_0 = 0,40 m; d = 0,45 m; d_0 = 0,05 m, Pelo método das bielas:

$$\sum Y = 0 \rightarrow V = \frac{P}{4} = F.\operatorname{sen}\alpha$$

$$\sum X = 0 \rightarrow H = F.\cos\alpha$$

$$H = \frac{P}{4.\operatorname{sen}\alpha}.\cos\alpha = \frac{P}{4.tg\,\alpha} \qquad tg\,\alpha = \frac{d-d_0}{\frac{a-a_0}{2}} = \frac{2(d-d_0)}{a-a_0}$$

Figura 10.68 - Questão 10.35

$$H = \frac{P(a-a_0)}{8(d-d_0)} \; Esforços\; de\; tração$$

$$H_a = \frac{P(a-a_0)}{8(d-d_0)} = \frac{500.(2{,}40-0{,}80)}{8(0{,}45-0{,}05)} = 250\;kN$$

$$H_b = \frac{P(b-b_0)}{8(d-d_0)} = \frac{500.(1{,}20-0{,}40)}{8(0{,}45-0{,}05)} = 125\;kN$$

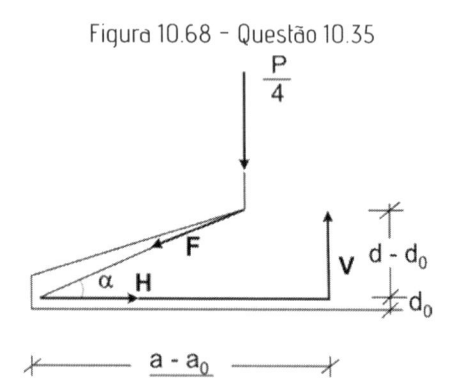

Fonte: ENADE (2005)

Cálculo das Armações $\qquad$ Aço CA – 50 $\rightarrow$ f_{yk} = 500MPa = 500000 kN/m^2

$$A_{S_a} = \frac{H_a.1{,}6}{f_{yk}} = \frac{250.1{,}6}{500000} = 8.10^{-4}\;m^2 = 8\;cm^2$$

$$A_{S_b} = \frac{H_b.1{,}6}{f_{yk}} = \frac{125.1{,}6}{500000} = 4.10^{-4}\;m^2 = 4\;cm^2$$

Comentário:

Segundo Piancastelli (2012) para uma sapata poder ser calculada pelo método das bielas, ela deve apresentar as seguintes proporções:

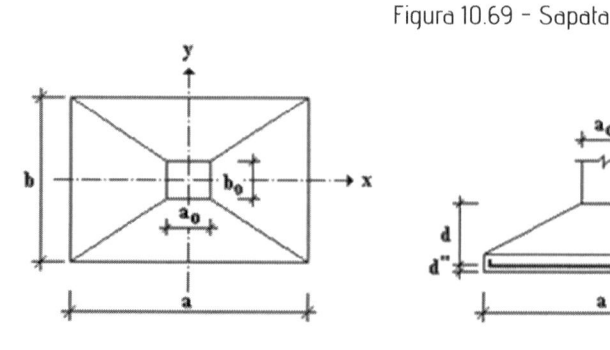

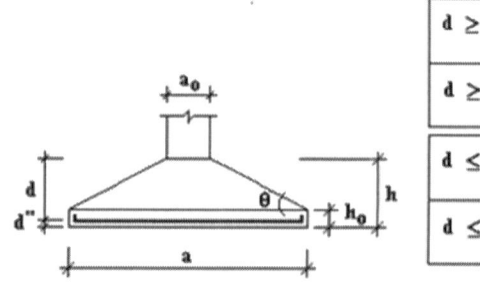

Figura 10.69 - Sapata

Fonte: Piancastelli (2012)

Onde:

$$\frac{a - a_0}{4} \leq d \leq \frac{a - a_0}{2}$$

$$\frac{b - b_0}{4} \leq d \leq \frac{b - b_0}{2}$$

Sendo:

    d = altura útil

    a = maior lado da sapata

    a_0 = maior lado do pilar, proporcional ao (a) da sapata

    b = menor lado da sapata

    b_0 = menor lado do pilar, proporcional ao (b) da sapata

Assim para o cálculo do método das bielas bidimensional adota-se o triangulo das forças e o triangulo geométrico mostrado na figura a seguir:

Figura 10.70 - Triângulos das forças e geométrico para o lado (a) de uma sapata (direção x)

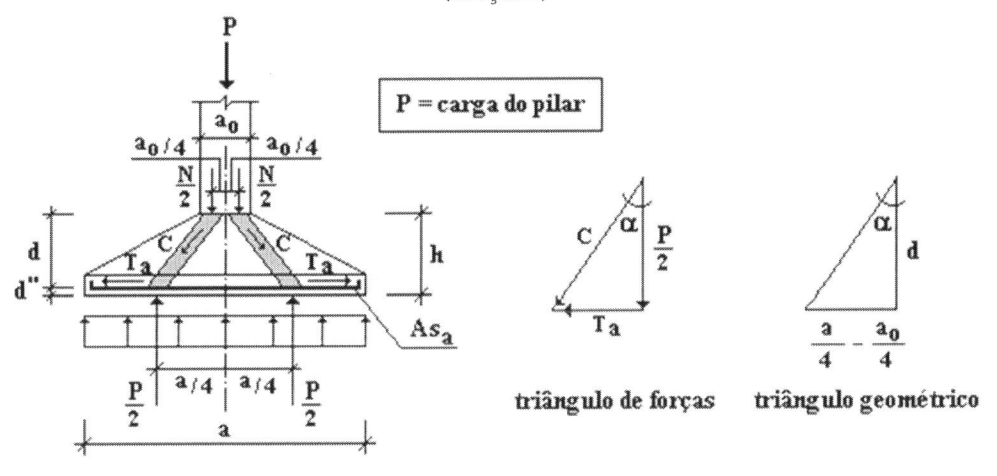

Fonte: Piancastelli (2007)

Sendo:

    P = Carga do pilar;

    Ta = Força de tração exercida no aço (funcionando como um tirante)

Para os dois triângulos o ângulo formado por eles é o mesmo, assim pode-se utilizar da semelhança de triângulos para encontrar a força de tração exercida no aço.

Para o triângulo das forças $\rightarrow$ $tg\,\alpha = \dfrac{T_a}{\dfrac{P}{2}}$

Para o triângulo geométrico $\rightarrow$ $tg\,\alpha = \dfrac{\dfrac{a}{4} - \dfrac{a_0}{4}}{d}$

$\dfrac{T_a}{\dfrac{P}{2}} = \dfrac{\dfrac{a}{4} - \dfrac{a_0}{4}}{d} \rightarrow T_a = \dfrac{P(a - a_0)}{8\,d}$

Analogamente, pode-se fazer o mesmo para o lado de dimensão (b).

Então para o lado (a):

$T_a = \dfrac{P(a - a_0)}{8\,d} \rightarrow T_a = \dfrac{500\,(2{,}40 - 0{,}80)}{8\,(0{,}4)} \rightarrow T_a = 250\,kN$

Para o lado (b):

$T_a = \dfrac{P(b - b_0)}{8\,d} \rightarrow T_a = \dfrac{500\,(1{,}20 - 0{,}40)}{8\,(0{,}4)} \rightarrow T_a = 125\,kN$

Para o cálculo da área de aço, usualmente é adotado o coeficiente de ponderação de 1,4. Para o problema foi solicitado o coeficiente de ponderação de 1,6. Então a área de aço será:

Aço CA - 50 $\rightarrow$ 500 MPa = 50 kN/cm²

$A_{S_a} = \dfrac{T_a \cdot 1{,}6}{f_{yk}} \rightarrow A_{S_a} = \dfrac{250 \cdot 1{,}6}{50} \rightarrow A_{S_a} = 8\,cm^2$

$A_{S_b} = \dfrac{T_a \cdot 1{,}6}{f_{yk}} \rightarrow A_{S_b} = \dfrac{125 \cdot 1{,}6}{50} \rightarrow A_{S_b} = 4\,cm^2$

10.1.4.2 ENADE Engenharia Grupo III

> **Questão 10.36 DISCURSIVA (ENADE 2011)**

Uma barra circular maciça, feita de aço ABNT 1020, de 500 mm de comprimento, está apoiada nos pontos A e B. A barra recebe cargas de 800 N e 200 N, distantes, respectivamente, 120 mm e 420 mm do ponto A, conforme mostrado na figura a seguir.

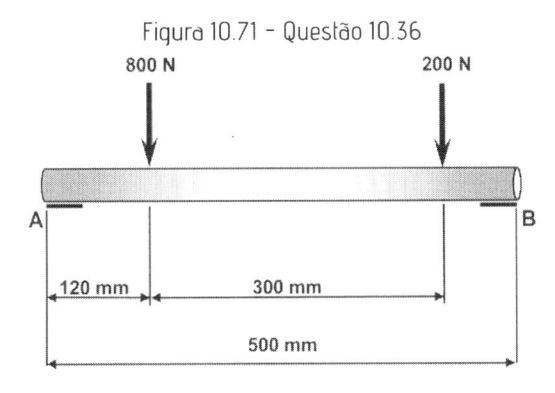

Figura 10.71 - Questão 10.36

Fonte: ENADE (2011)

Considerando o peso da barra desprezível e que o efeito da tensão normal é muito superior ao da tensão cisalhante, faça o que se pede nos itens a seguir.

a) Esboce, para a situação da figura, o gráfico do esforço cortante;
b) Esboce, para a situação da figura, o gráfico do momento fletor;
c) Admitindo fator de segurança igual a 1, escreva a expressão algébrica que permite obter o diâmetro da barra em função do momento fletor e de outras grandezas pertinentes.

Padrão de resposta (ENADE):

a) Construindo-se o diagrama de corpo livre, tem-se

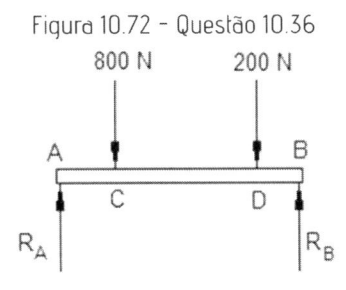

Figura 10.72 - Questão 10.36

Fonte: ENADE (2011)

As condições de equilíbrio estático estabelecem que:

$$\sum M_A = 0 \rightarrow 0,12 \cdot 800 + 0,42 \cdot 200 = 0,50 \cdot R_B \rightarrow R_B = 360 \text{ N}$$

$$\sum F = R_A + R_B = 1000 \rightarrow R_A = 640 \text{ N}$$

Com esses valores das reações de apoio e do carregamento pode-se construir o diagrama de esforços cortantes.

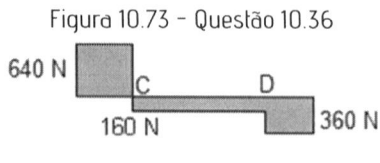

Figura 10.73 - Questão 10.36

640 N
C
D
160 N
360 N

Fonte: ENADE (2011)

Obs: será também considerada correta a representação gráfica invertida do diagrama.

b) Com os valores das reações de apoio e do carregamento, o diagrama de momentos fletores fica

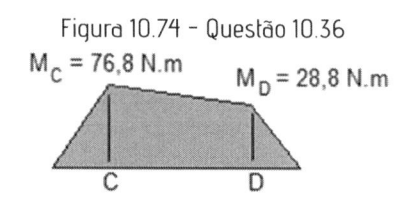

Figura 10.74 - Questão 10.36

$M_C = 76,8$ N.m $M_D = 28,8$ N.m

C   D

Fonte: ENADE (2011)

Obs: será também considerada correta a representação gráfica invertida do diagrama.

c) Critério para a determinação do diâmetro: as cargas de 800 N e 200 N geram tensões de cisalhamento e de flexão na viga. O critério para a determinação do diâmetro será definido com base na equação da tensão normal em vigas.

O diâmetro da barra é obtido a partir da expressão:

$$\sigma_{adm} = \frac{\sigma_{esc}}{FS} \geq \frac{M_{máx} \cdot c}{I} \rightarrow \frac{\sigma_{esc}}{FS} \geq \frac{M_{máx}\left(\frac{d}{2}\right)}{\left(\frac{\pi \cdot d^4}{64}\right)} \rightarrow \frac{\sigma_{esc}}{FS} \geq \frac{32 \cdot M_{máx}}{\pi \cdot d^3}$$

$$d \geq \sqrt[3]{\frac{32 \cdot M_{máx} \cdot FS}{\pi \cdot \sigma_{esc}}}$$

Logo, para um fator de segurança igual a 1, tem-se

$$d \geq \sqrt{\frac{32 \cdot M_{máx}}{\pi \cdot \sigma_{esc}}}$$

Comentário:

Para os itens (a) e (b), o simples cálculo dos esforços solicitantes internos, que são feitos da seguinte forma:

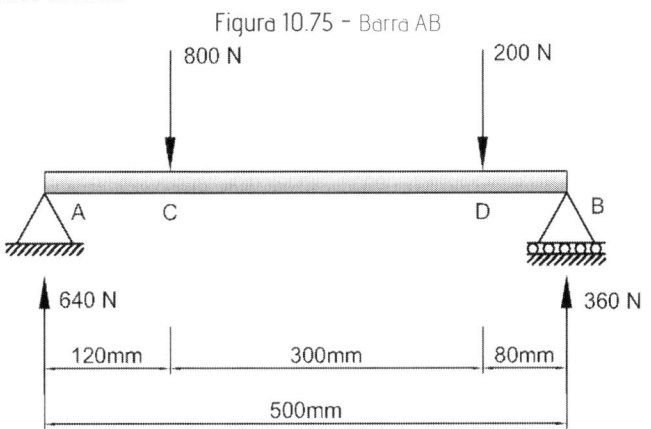

Figura 10.75 - Barra AB

Para o trecho AC

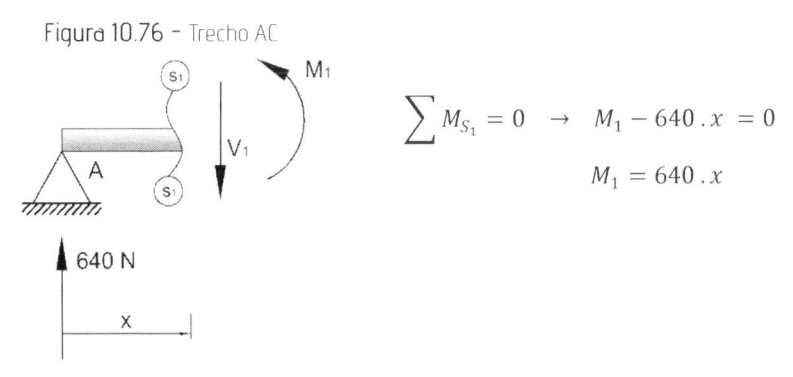

$S_1 : (0 \leq x \leq 120)$ mm

Figura 10.76 - Trecho AC

$\sum M_{S_1} = 0 \rightarrow M_1 - 640 \cdot x = 0$

$M_1 = 640 \cdot x$

Para o trecho CD

$S_2 : (120 \leq x \leq 420)$ mm

Figura 10.77 - Trecho CD

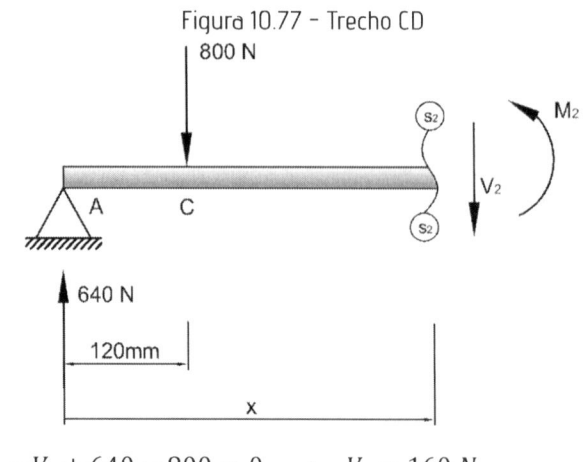

$$\sum F_V = 0 \quad \rightarrow \quad -V_2 + 640 - 800 = 0 \quad \rightarrow \quad V_2 = 160\ N$$

$$\sum M_{S_2} = 0 \quad \rightarrow \quad M_2 - 640.x + 800.(x-120) = 0 \quad \rightarrow \quad M_2 = -160.x + 96000$$

Para o trecho BD

$S_3 : (0 \leq x \leq 80)\ mm$

Figura 10.78 - Trecho BD

$$\sum F_V = 0 \quad \rightarrow \quad V_3 + 360 = 0$$
$$V_3 = -360\ N$$

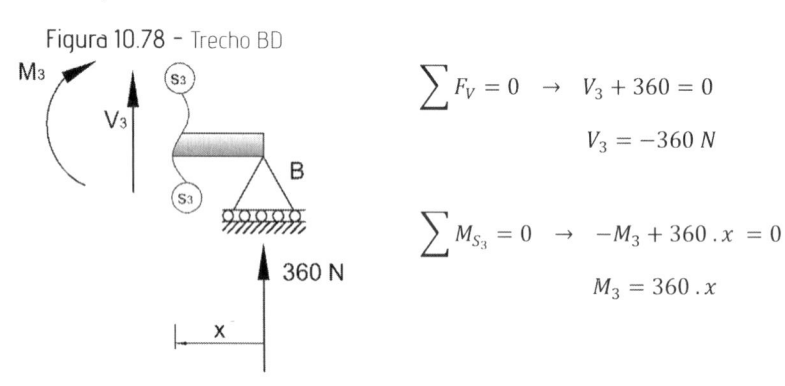

$$\sum M_{S_3} = 0 \quad \rightarrow \quad -M_3 + 360.x = 0$$
$$M_3 = 360.x$$

Assim, os esforços internos solicitantes ficam:

Trecho AC	Trecho CD	Trecho BD
P / x = 0 mm	*P / x = 120 mm*	*P / x = 0 mm*
$V_1 = 640\ N$	$V_2 = 160\ N$	$V_3 = -360\ N$
$M_1 = 0\ N.mm$	$M_2 = 76800\ N.mm$	$M_3 = 0\ N.mm$

$P/x = 120\ mm$	$P/x = 420\ mm$	$P/x = 80\ mm$
$V_1 = 640\ N$	$V_2 = 160\ N$	$V_3 = -360\ N$
$M_1 = 76800\ N.mm$	$M_2 = 28800\ N.mm$	$M_3 = 28800\ N.mm$

O padrão de resposta do ENADE utilizou os momentos em $N.m$, transformando as unidades, de forma que se chega no resultado:

Trecho AC	Trecho CD	Trecho BD
$M_1 = 0\ N.m$	$M_2 = 76{,}80\ N.m$	$M_3 = 0\ N.m$
$M_1 = 76{,}80\ N.m$	$M_2 = 28{,}80\ N.m$	$M_3 = 28{,}80\ N.m$

Para a letra (c) houve um pequeno erro de digitação no padrão de resposta: o inverso da potência é a raiz, dependendo de qual for a potência. No caso, o diâmetro estava elevado ao cubo, logo, a raiz é cúbica, ficando da seguinte forma:

O diâmetro da barra é obtido a partir da expressão:

$$\sigma_{adm} = \frac{\sigma_{esc}}{FS} \geq \frac{M_{máx}.c}{I} \rightarrow \frac{\sigma_{esc}}{FS} \geq \frac{M_{máx}\left(\frac{d}{2}\right)}{\left(\frac{\pi.d^4}{64}\right)} \rightarrow \frac{\sigma_{esc}}{FS} \geq \frac{32.M_{máx}}{\pi.d^3}$$

$$d \geq \sqrt[3]{\frac{32.M_{máx}.FS}{\pi.\sigma_{esc}}}$$

Logo, para um fator de segurança igual a 1, tem-se

$$d \geq \sqrt[3]{\frac{32.M_{máx}}{\pi.\sigma_{esc}}}$$

10.2 PROVAS DE CONCURSOS

Atualmente, uma parcela dos estudantes de engenharia se dedica para as provas de concurso público com o objetivo de exercer sua profissão após a graduação em uma repartição pública.

O servidor público é de grande relevância para o Brasil, uma vez que ele auxilia no desenvolvimento econômico e social do Estado. Uma das grandes vantagens de ocupar tais cargos é a estabilidade profissional e financeira. Geralmente, a remuneração é atrativa e oferece diversos benefícios, como plano de saúde, auxílio-alimentação, auxilio-transporte, entre outros.

Uma vantagem da grande maioria dos empregos públicos é que o servidor pode exercê-lo independentemente da idade, sexo, orientação religiosa e, em alguns casos, experiência profissional. Outro ponto fundamental envolvendo questões cidadãs (sociais) são as vagas exclusivas para portadores de necessidades especiais.

Dedicar-se para exercer um cargo público é de grande responsabilidade e prestígio. Se todos os profissionais envolvidos se dedicarem com competência e exercendo o conhecimento técnico instruído, podem melhorar uma série de situações/circunstâncias que um país precisa para o seu desenvolvimento.

10.2.1 PETROBRÁS

O grupo Petrobras é uma das empresas preferidas pelos alunos e profissionais da área de engenharia. A Petrobras é dividida em subsidiárias que atuam de forma integrada para a melhoria de um atendimento de qualidade, como, por exemplo, a Liquigás, responsável pela distribuição e comercialização de gás liquefeito de petróleo (GLP), a Gaspetro, relacionada diretamente com a ampliação da oferta do gás natural em todo o país, a Petrobras Distribuidora, que atua na distribuição, comercialização e industrialização de produtos de petróleo e derivados, além de atividades de importação e exportação, e a Transpetro, que atende às atividades de transporte e armazenamento de petróleo e derivados, álcool, biocombustíveis e gás natural. Geralmente, em período regular, a Petrobrás abre inscrições para concursos públicos.

- Salário médio de R$ 8.081,98 (oito mil e oitenta e um reais e noventa e oito centavos);
- Jornada de trabalho dos últimos concursos: 40 horas semanais;
- Forma de Contratação: CLT;
- O profissional atua nos processos executivos de fiscalização, projeto e/ou obras de construção civil em geral.

10.2.1.1 Engenheiro Civil Júnior (2012)

Considere a estrutura biapoiada, apresentada no esquema, e os dados fornecidos para responder às questões de 10.37 à 10.39.

Figura 10.79 – Questões 10.37 à 10.39

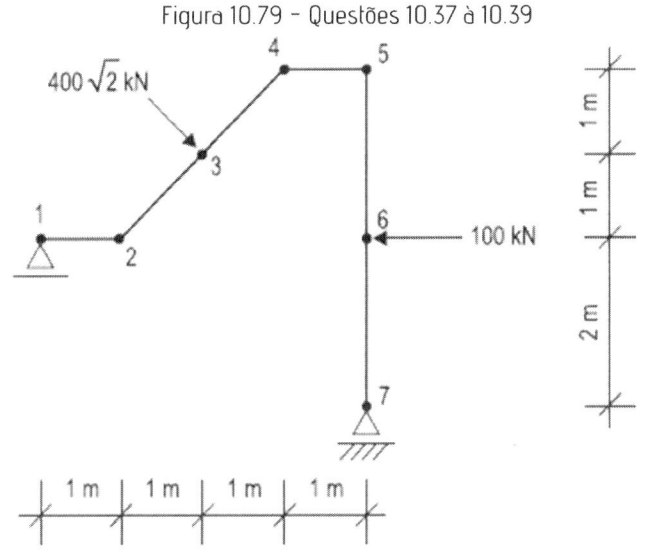

Dados: 1, 2, 3, 4, 5, 6 e 7 são pontos marcados na estrutura.
As forças de 400 $\sqrt{2}$ kN e 100 kN são perpendiculares às barras onde são aplicadas.

Fonte: Petrobrás (2012)

Questão 10.37 (Petrobrás 2012)

No ponto 3, o tipo de esforço normal e o quanto ele vale são, respectivamente:

(A) Tração e $25\sqrt{2}\ kN$
(B) Tração e $50\sqrt{2}\ kN$
(C) Tração e $400\ kN$
(D) Compressão e $400\ kN$
(E) Compressão e $25\sqrt{2}\ kN$

Resposta: *A **alternativa** correta é a letra (A)*

Questão 10.38 (Petrobrás 2012)

O valor absoluto do maior cortante que ocorre na barra 2-4, em kN, é de:

(A) 400
(B) 450
(C) $400\sqrt{2}$
(D) $425\sqrt{2}$
(E) $450\sqrt{2}$

Resposta: *A alternativa correta é a letra (D)*

Questão 10.39 (Petrobrás 2012)

A variação em valor absoluto do momento fletor, no trecho 3-4, em kN.m, é de

(A) 100
(B) $400\sqrt{2}$
(C) $425\sqrt{2}$
(D) 850
(E) 950

Resposta: *A alternativa correta é a letra (D)*

Comentários (das questões 10.37, 10.38 e 10.39):

Inicialmente deve ser feito o diagrama de corpo livre da estrutura. No ponto (7), têm-se um apoio articulado fixo, portanto, duas restrições de deslocamento, uma vertical e outra horizontal. No ponto (1), têm-se um apoio articulado móvel, portanto uma única restrição de deslocamento, na direção vertical.

Figura 10.80 - Diagrama de corpo livre

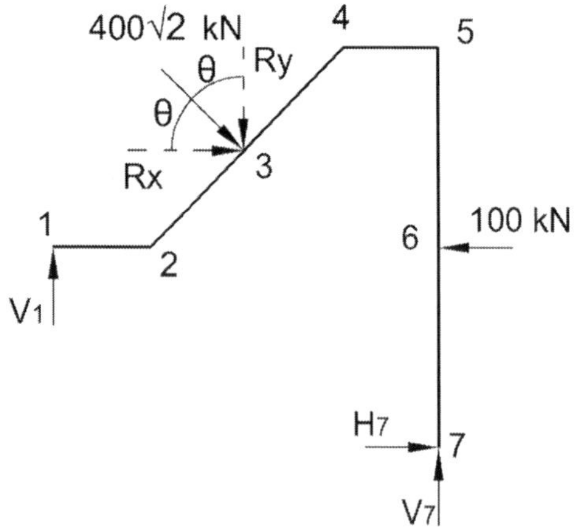

A estrutura está submetida à uma carga concentrada inclinada, em que a mesma será decomposta para os eixos principais para calcular as reações de apoio, conforme a figura.

Como a força de 400√2 está aplicada perpendicular a barra 2-4, têm-se $\theta=45°$.

Assim, $Rx = Ry = 400\sqrt{2} \cdot \cos\theta = 400\sqrt{2} \cdot \frac{\sqrt{2}}{2} = 400\ kN$

Desta forma, é calculada as reações de apoio.

$\sum F_H = 0 \rightarrow H_7 - 100 + Rx = 0 \rightarrow H_7 - 100 + 400 = 0 \rightarrow H_7 = -300\ kN$

$\sum M_1 = 0 \rightarrow -400 \cdot 2 - 400 \cdot 1 + V_7 \cdot 4 - 300 \cdot 2 = 0 \rightarrow V_7 = 450\ kN$

$\sum F_V = 0 \rightarrow V_1 + 450 - 400 = 0 \rightarrow V_1 = -50\ kN$

Deve-se analisar as questões apresentadas e calcular o esforços pedidos.

Questão 10.37 (Petrobrás 2012)

Analisando o esforço normal no ponto 3, têm-se:

Figura 10.81 - Esforço Normal

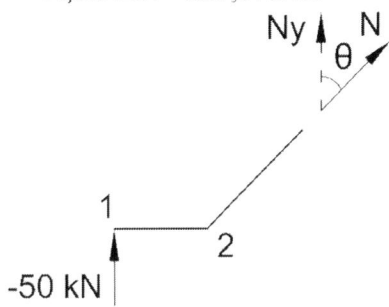

$$\sum F_V = 0 \rightarrow Ny - 50 = 0 \rightarrow Ny = 50 \, kN$$

$$N = Ny.\cos\theta = 50.\frac{\sqrt{2}}{2} = 25\sqrt{2} \, (t)$$

A alternativa correta é a letra (A)

Questão 10.38 (Petrobrás 2012)

Analisando a cortante na barra 2-4, têm-se:

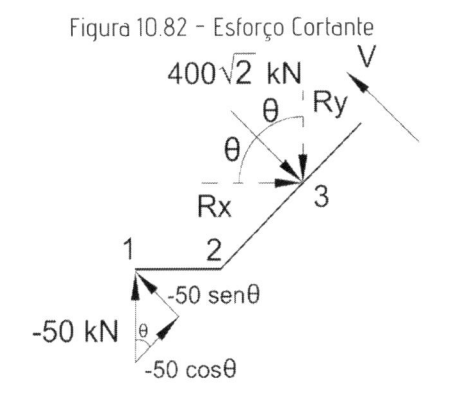

Figura 10.82 - Esforço Cortante

$$\sum F_V = 0 \rightarrow V - 400\sqrt{2} - 50.\frac{\sqrt{2}}{2} = 0$$

$$V - 400\sqrt{2} - 25\sqrt{2} = 0$$

$$V = 425\sqrt{2}$$

Portanto a alternativa correta é a letra (D)

Questão 10.39 (Petrobrás 2012)

Para o cálculo do momento no trecho 3-4, deve-se primeiramente encontrar a equação da reta utilizando os pontos 3 e 4. Supondo que o ponto 1 é a origem das coordenadas, o ponto 3 fica P_3 (2,1) e o ponto 4 fica P_4 (3,2).

Utilizando a equação fundamental da reta:

$$(y_1 - y_0) = m(x_1 - x_0) \rightarrow (3 - 2) = m(2 - 1) \rightarrow m = 1$$

Então a equação da reta será:

$$(3 - y) = 1(2 - x) \rightarrow y = x - 1$$

Assim pode-se calcular o momento do trecho 3-4.

Figura 10.83 - Trecho 3-4

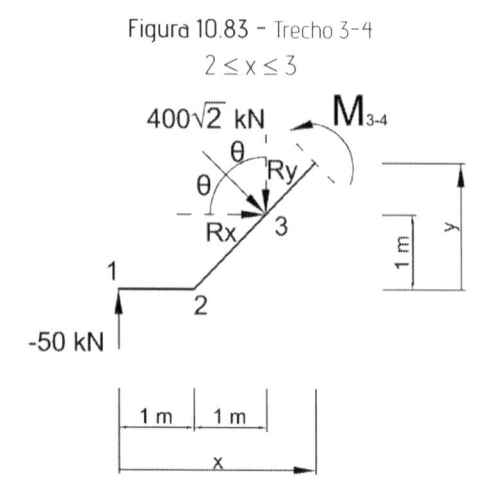

$$2 \leq x \leq 3$$

$$\sum M_{3-4} = 0 \rightarrow M_{3-4} - V_1 x + 400\sqrt{2} \cdot \frac{\sqrt{2}}{2} \cdot (x-2) + 400\sqrt{2} \cdot \frac{\sqrt{2}}{2} \cdot (y-1) = 0$$

$$M_{3-4} = V_1 - 400(x-2) - 400(x-1-1)$$

$$M_{3-4} = -50x - 400x + 800 - 400x + 800$$

$$M_{3-4} = -850x + 1600$$

$Para\ x = 2 \rightarrow M_{3-4} = -850 \cdot 2 + 1600 \rightarrow M_{3-4} = -100\ kN.m$

$Para\ x = 3 \rightarrow M_{3-4} = -850 \cdot 3 + 1600 \rightarrow M_{3-4} = -950\ kN.m$

A variação do momento no trecho 3-4 foi de 850 kN.m correspondendo a alternativa de letra (D).

Considere o estado de tensão representado no elemento, assim como os eixos e os dados, para responder às questões de número 10.40 e 10.41, que se referem ao estudo do plano de tensões e à construção do círculo de Mohr.

Figura 10.84 - Questões 10.40 e 10.41 (a)

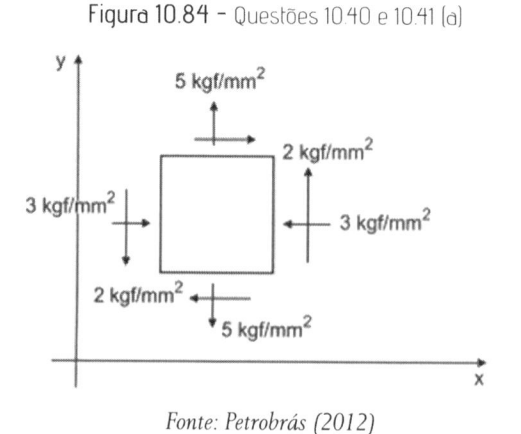

Figura 10.85 - Questões 10.40 e 10.41 (b)

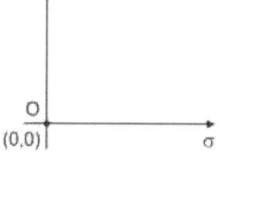

Dados: $\sqrt{2} = 1{,}41$
$\sqrt{3} = 1{,}73$
$\sqrt{5} = 2{,}24$

Fonte: Petrobrás (2012)

Fonte: Petrobrás (2012)

Questão 10.40 (Petrobrás 2012)

Considerando-se os eixos σ e τ dados e a origem O (0,0), o par ordenado do centro do círculo de Mohr é

(A) (−1,0)
(B) (0,1)
(C) (1,0)
(D) (2,1)
(E) (2,3)

Resposta:
A alternativa correta é a letra (C)

Questão 10.41 (Petrobrás 2012)

O valor do raio do círculo de Mohr, em kgf/mm^2, é de

(A) 1,41
(B) 1,73
(C) 2,82
(D) 3,46
(E) 4,48

Resposta:
A alternativa correta é a letra (E).

Comentário:
Conforme estudado no Módulo 6 "Transformações de Tensão e Deformação e suas Aplicações", o Círculo de Mohr é uma representação gráfica das equações de transformação para o estado plano de tensões. Ao analisar as tensões principais de um determinado elemento, tem-se σ_x, que é a tensão normal na direção do eixo x, σ_y, que é a tensão normal na direção do eixo y e τ_{xy}, que é a tensão de cisalhamento. Para tal analise é preciso obedecer uma convenção de sinais, em que as tensões normais de compressão são negativas e as tensões normais de tração, positivas. Para a tensão de cisalhamento adota-se como referência a tensão da parte superior do elemento infinitesimal, caso a mesma esteja no sentido horário, τ_{xy} positivo, caso contrário, τ_{xy} negativo.

Figura 10.86 − Elemento infinitesimal

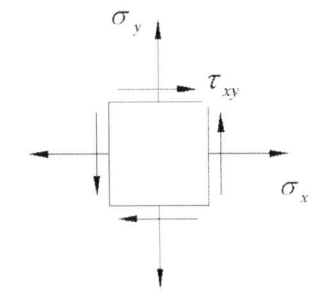

Na figura são representadas as tensões positivas no elemento infinitesimal.

Na figura representada a seguir tem-se o Círculo de Mohr com as coordenadas apresentadas.

Figura 10.87 - Círculo de Mohr

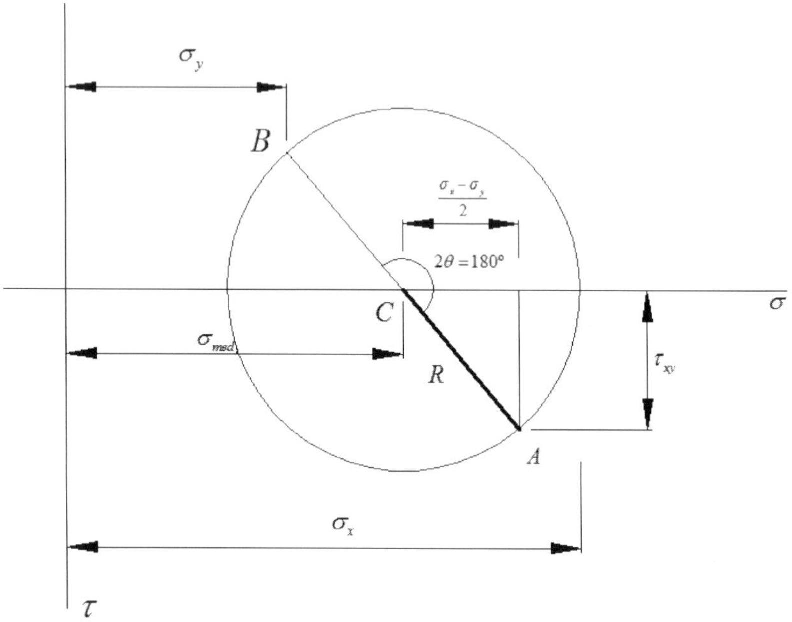

Analisando o Círculo de Mohr, têm-se as seguinte equação:

$$\sigma_{med} = \frac{\sigma_x + \sigma_y}{2}$$

Calculando σ_{med} é possível determinar o centro do Círculo de Mohr.

$$\sigma_{med} = \frac{-3+5}{2} \rightarrow \sigma_{med} = 1 \frac{kgf}{mm^2}$$

Dessa forma o centro do círculo de Mohr está no par ordenado (1,0).

Portanto, corresponde à alternativa de letra (C) da Questão 10.40.

Ao analisar o Círculo de Mohr é possível encontrar o Raio.

$$R = \sqrt{\left(\frac{\sigma_x - \sigma_y}{2}\right)^2 + \tau_{xy}^2}$$

$$R = \sqrt{\left(\frac{-3-5}{2}\right)^2 + 2^2} \rightarrow R = 4,48$$

O valor do Raio do círculo de Mohr é 4,48.

Correspondendo então a alternativa de letra (E) da Questão 10.41.

10.2.1.2 Engenheiro de Equipamentos Júnior - Mecânica (2012)

Questão 10.42 (Petrobrás 2012)

Uma barra solicitada axialmente por compressão no regime elástico linear apresenta duas deformações transversais

(A) positivas e uma axial negativa
(B) positivas e uma axial positiva
(C) negativas e uma axial positiva
(D) nulas e uma axial negativa
(E) nulas e uma axial positiva

Resposta:
A alternativa correta é a letra (A).

Comentário:
Conforme apresentado no Módulo 2 "Tensão e Deformação em Elementos Lineares; Lei de Hooke", essa relação pode ser obtida por meio do coeficiente de Poisson.

$$v = -\frac{\varepsilon_x}{\varepsilon_y}$$

O sinal negativo está incluído na fórmula porque as deformações transversais e longitudinais possuem sinais opostos. Materiais convencionais têm coeficiente de Poisson positivo, ou seja, contraem-se transversalmente quando esticados longitudinalmente e se expandem transversalmente quando comprimidos longitudinalmente.

No caso do exercício, a barra está sofrendo compressão, logo ela expande transversalmente, apresentando duas deformações transversais positivas (tração), e contrai longitudinalmente, apresentando uma deformação axial negativa (compressão).

Dessa forma:

(A) (V);
(B) (F);
(C) (F);
(D) (F);
(E) (F);

Questão 10.43 (Petrobrás 2012)

Figura 10.88 - Questão 10.43

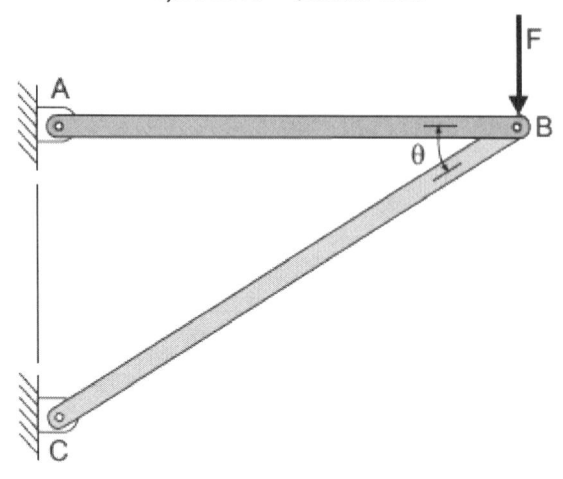

Fonte: Petrobrás (2012)

A estrutura de apoio mostrada na figura é constituída de duas barras de mesmo material e mesma seção transversal. Os limites de resistência à tração e à compressão são tais que, em valor absoluto, $\sigma_C = 2\sigma_T$ no regime elástico linear, e sobre a estrutura atua uma força F gradualmente crescente.

Qual o valor do ângulo θ para o qual tais limites de resistência à tração e à compressão são atingidos simultaneamente?

(A) 15°
(B) 20°
(C) 30°
(D) 45°
(E) 60°

Resposta:
A alternativa correta é a letra (E).

Comentário:
Conforme apresentado no Módulo 2 "Tensão e Deformação em Movimentos Lineares; Lei de Hooke", tem-se:

Figura 10.89 - Questão 10.43

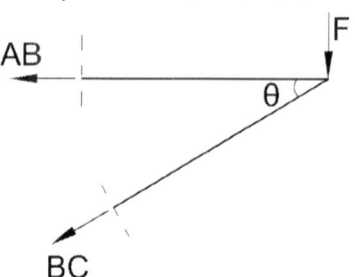

$\sum Fx = 0 \rightarrow -AB - BC \cdot \cos\theta = 0$

$AB = -BC \cdot \cos\theta$

$\sum Fy = 0 \rightarrow -F - BC \cdot sen\theta = 0$

$-F = BC \cdot sen\theta \rightarrow BC = -\dfrac{F}{sen\theta}$

Portanto: $BC = \dfrac{F}{sen\theta}$, compressão.

$AB = \dfrac{F}{sen\theta} \cdot \cos\theta$, tração.

$\sigma_C = \sigma_{BC} = \dfrac{F/sen\theta}{A}$

$\sigma_T = \sigma_{AB} = \dfrac{F \cdot \cos\theta/sen\theta}{A}$

Do enunciado pode-se obter a relação: $\sigma_C = 2 \cdot \sigma_T$.

$\dfrac{F/sen\theta}{A} = 2 \cdot \dfrac{F \cdot \cos\theta/sen\theta}{A}$

$2 \cdot \cos\theta = 1 \therefore \cos\theta = 0,5 \rightarrow \theta = 60°$

Assim, o valor do ângulo θ para que os limites de tração e compressão sejam atingidos simultaneamente corresponde à alternativa de letra (E).

Questão 10.44 (Petrobrás 2012)

Figura 10.90 - Questão 10.44

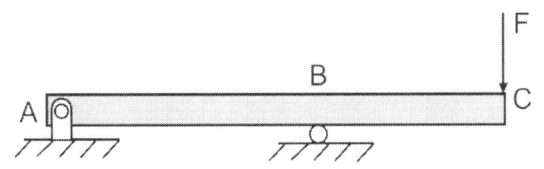

Fonte: Petrobrás (2012)

O diagrama que representa a distribuição dos momentos fletores atuantes ao longo da viga biapoiada, mostrada na figura, é

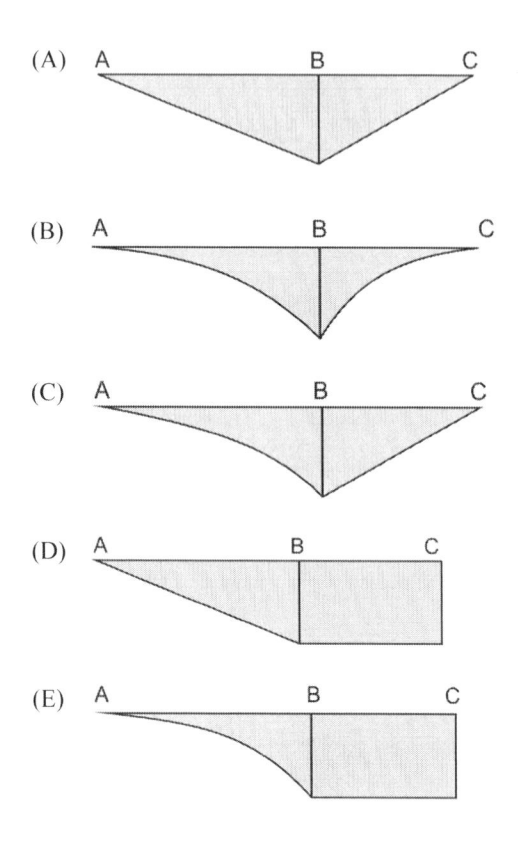

(A) [diagrama: triângulo A-B-C com vértice inferior em B]

(B) [diagrama: curva parabólica com vértice inferior em B]

(C) [diagrama: curva com vértice inferior em B]

(D) [diagrama: trapézio de A a B e retângulo de B a C]

(E) [diagrama: curva de A a B e retângulo de B a C]

Resposta:
A alternativa correta é a letra (A).

Comentário:
Típica questão de Engenharia Mecânica, por apresentar o diagrama de momento contrário ao traçado na Engenharia Civil. Conforme o Módulo 1 "Elementos de Análise Estrutural" uma carga concentrada produz no diagrama de momento fletor, uma reta. Para uma parábola, deve-se ter uma carga distribuída ao longo do trecho. Assim, pode-se eliminar 3 alternativas (B), (C), (E). As extremidades só terão momentos se houver um engaste ou um momento concentrado, eliminando assim a alternativa (D). Dessa forma, a alternativa correta é a alternativa de letra (A).

Questão 10.45 (Petrobrás 2012)

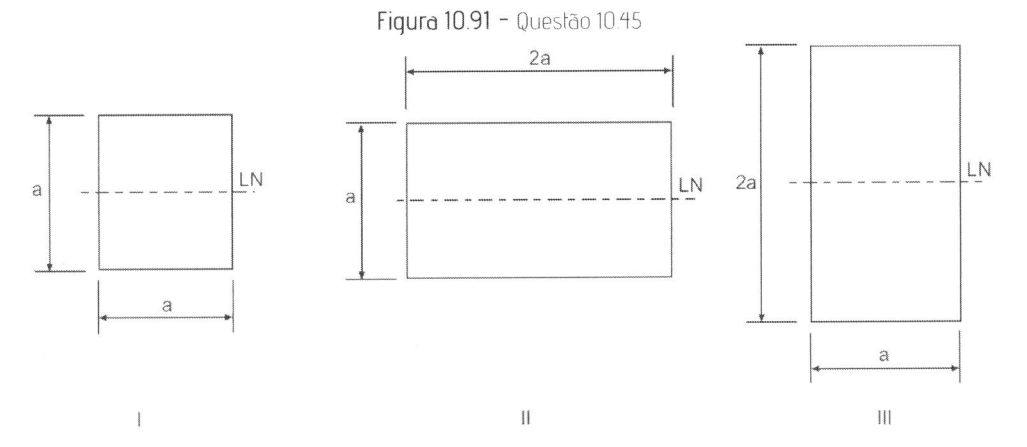

Figura 10.91 – Questão 10.45

Fonte: Petrobrás (2012)

Um engenheiro deve optar por uma das três seções transversais, mostradas na figura, para fabricar uma viga biapoiada sujeita a uma força concentrada F no meio do vão.

Sendo o material idêntico para as três situações, a seção de maior resistência à flexão é a:

(A) I, porque o material é mais bem distribuído em relação à área.
(B) I, porque a seção apresenta simetria em relação a dois eixos.
(C) II, porque apresenta a maior largura.
(D) II, porque os pontos materiais estão mais próximos da linha neutra.
(E) III, porque apresenta a maior relação entre o momento de inércia e a semialtura.

Resposta:
A alternativa correta é a letra (E).

Comentário:
Conforme o Módulo 4 "Flexão e Projeto de Vigas", a relação entre momento de inércia e semialtura é chamado de Módulo de Resistência e é representado pela letra W. Quanto maior o W, maior será a resistência a flexão.

$$W = \frac{I}{c}$$

Em que:
I = Momento de Inércia;
c = Semialtura.

Para a peça I

$$I = \frac{b \cdot h^3}{12}$$

$b = a \ e \ h = a$

$$I = \frac{a^4}{12}$$

$$c = \frac{a}{2}$$

$$W = \frac{\frac{a^4}{12}}{\frac{a}{2}}$$

$$W = \frac{a^3}{6}$$

Para a peça II

$$I = \frac{b \cdot h^3}{12}$$

$b = 2a \ e \ h = a$

$$I = \frac{a^4}{6}$$

$$c = \frac{a}{2}$$

$$W = \frac{\frac{a^4}{6}}{\frac{a}{2}}$$

$$W = \frac{a^3}{3}$$

Para a peça III

$$I = \frac{b \cdot h^3}{12}$$

$b = a \ e \ h = 2a$

$$I = \frac{2 a^4}{3}$$

$$c = a$$

$$W = \frac{\frac{2 a^4}{3}}{a}$$

$$W = \frac{2 a^3}{3}$$

Assim, pode-se julgar os itens:

(A) (F); O que concede uma maior resistência é o módulo de resistência da seção transversal, a distribuição da área para este caso não interfere em nada.
(B) (F); A simetria não confere maior resistência a flexão.
(C) (F); Uma largura maior pouco influencia na resistência, o ideal é uma altura maior, pelo fato desta no momento de inércia, ser elevada ao cubo.
(D) (F); Não tem base teórica em Engenharia das Estruturas.
(E) (V): Como foi demonstrado no cálculo anteriormente, a situação III apresenta a maior relação entre momento de inércia e a semialtura, concedendo a resistência a flexão maior que as outras situações

10.2.1.3 Engenheiro Civil Júnior (2011)

Questão 10.46 (Petrobrás 2011)

Considere a estrutura esquematizada.

O momento, em valor absoluto, causado pelo carregamento triangular, no engaste, em kN.m, vale

(A) 12
(B) 18
(C) 21
(D) 27
(E) 42

Figura 10.92 - Questão 10.46

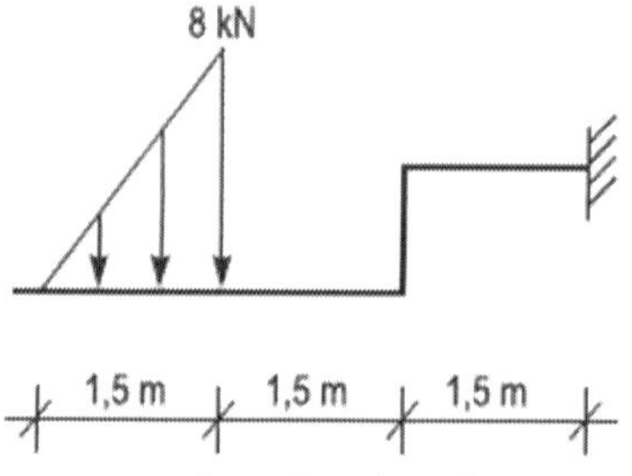

Fonte: Petrobrás (2011)

Resposta:

A alternativa correta é a letra (C).

Comentário:

Inicialmente deve-se analisar a carga triangular. Quando uma estrutura é submetida a uma carga triangular, deve-se calcular o valor total da carga como a área de um triângulo, sendo a base o comprimento onde a mesma é aplicada, e a altura, o valor máximo da carga distribuída. Conforme esquema abaixo.

Figura 10.93 - Carga triangular

$$P = \frac{8 \cdot 1,5}{2}$$
$$P = 6\ kN$$

Conforme Módulo 1 "Elementos de Análise Estrutural", deve-se calcular o centro de gravidade do triângulo, no qual a carga distribuída triangular é aplicada ao ser concentrada. Observa-se o triângulo da direita para esquerda, assim, a posição da carga será calculada conforme esquema a seguir.

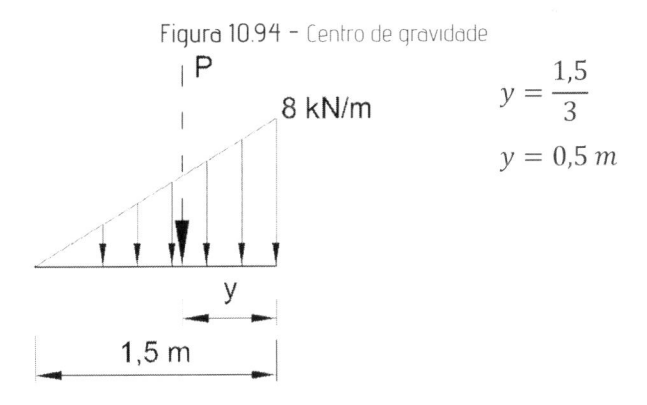

Figura 10.94 - Centro de gravidade

$$y = \frac{1,5}{3}$$
$$y = 0,5\ m$$

Dessa forma a distância do ponto de aplicação da carga triangular distribuída até o engaste será:

$d = 3,0 + 0,5 \rightarrow d = 3,5\ m.$

Para calcular o momento, a distância considerada deve ser perpendicular à força a aplicada.

Assim, o momento causado pelo carregamento triangular será:

$M = P.d \rightarrow M = 6 . 3,5$

$M = 21\ kN.m$

Correspondendo à alternativa de letra (C).

Considere o quadro isostático a seguir para responder às questões de número 10.47 à 10.49.

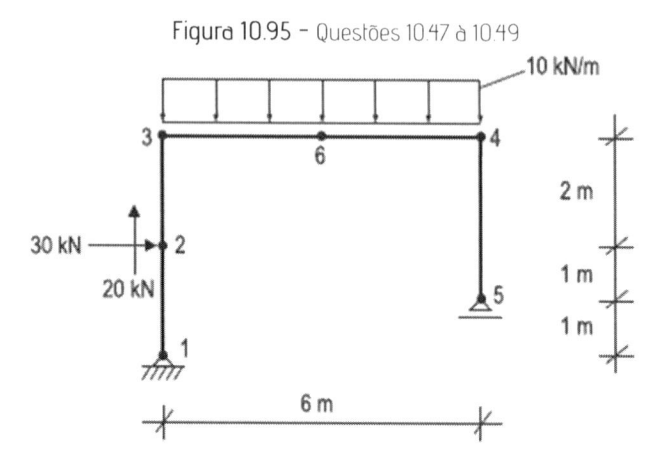

Figura 10.95 – Questões 10.47 à 10.49

Dados: • 1, 2, 3,..., 6 - são pontos do quadro
• As forças de 20 kN e 30 kN estão aplicadas no ponto 2.

Questão 10.47 (Petrobrás 2011)

Com relação aos esforços normais, verifica-se que:

(A) o trecho 1-2 está comprimido.
(B) o trecho 3-4 está tracionado.
(C) o maior esforço (em valor absoluto) encontra-se no trecho 4-5.
(D) no trecho 3-6 são variáveis.
(E) todo o quadro está tracionado.

Resposta:
A alternativa correta é a letra (C).

Questão 10.48 (Petrobrás 2011)

Analisando os esforços cortantes, conclui-se que o maior cortante existente no trecho 1-3 tem valor absoluto, em kN, de:

(A) 30
(B) 40
(C) 60
(D) 75
(E) 80

Resposta:
A alternativa correta é a letra (A).

Questão 10.49 (Petrobrás 2011)

O valor do momento fletor no ponto 6, em kN.m, é:

(A) 30
(B) 45
(C) 60
(D) 75
(E) zero

Resposta:
A alternativa correta é a letra (D).

Comentários (referentes às questões 10.47, 10.48 e 10.49):

Inicialmente deve ser feito o diagrama de corpo livre da estrutura. No ponto (1), têm-se um apoio articulado fixo, portanto duas restrições de deslocamento, uma vertical e outra horizontal. No ponto (5), têm-se um apoio articulado móvel, portanto uma única restrição de deslocamento, na direção vertical

Figura 10.96 - Diagrama de Corpo Livre

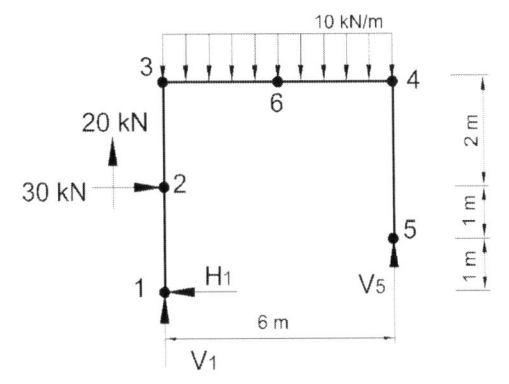

Utilizando as Equações Universais do Equilíbrio, conforme Módulo 1 "Elementos de Análise Estrutural", é possível determinar as reações de apoio da estrutura.

$$\sum F_H = 0 \to -H_1 + 30 = 0 \to H_1 = 30 \, kN$$

$$\sum M_1 = 0 \to -30.2 - 10.6.3 + V_5.6 = 0 \to V_5 = 40 \, kN$$

$$\sum F_V = 0 \to -10.6 + 20 + 40 + V_1 = 0 \to V_1 = 0 \, kN$$

Utilizando-se do Método das Seções é possível determinar os esforço cortante e normal e momento fletor em cada trecho da estrutura.

Figura 10.97 - Trecho 1-2

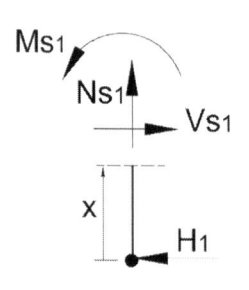

$S_1: Domínio \ (0 \leq x \leq 2) \, m$

$$\sum F_H = 0 \to V_{S1} - 30 = 0$$

$$V_{S1} = 30 \, kN$$

$$\sum M_{S1} = 0 \to -M_{S1} + 30.x = 0$$

$$M_{S1} = 30.x$$

$$\sum F_V = 0 \to N_{S1} = 0 \, kN$$

Figura 10.98 - Trecho 1-3

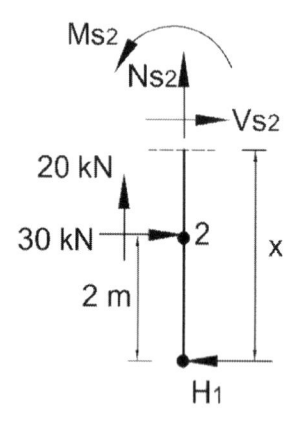

$S_2: Domínio \ (2 \leq x \leq 4) \, m$

$$\sum F_H = 0 \to V_{S2} - 30 + 30 = 0$$

$$V_{S2} = 0 \, kN$$

$$\sum M_{S2} = 0$$

$$-M_{S2} + 30.x - 30.(x - 2) = 0$$

$$M_{S2} = 60 \, kN.m$$

$$\sum F_V = 0 \to N_{S2} = -20 \, kN \, (c)$$

Figura 10.99 - Trecho 3-4

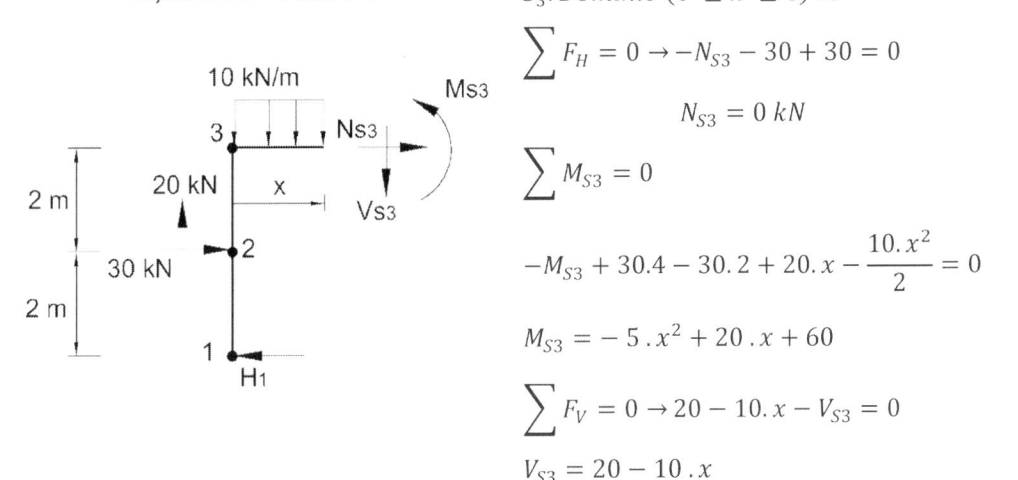

$S_3: Domínio\ (0 \leq x \leq 6)\ m$

$\sum F_H = 0 \to -N_{S3} - 30 + 30 = 0$

$N_{S3} = 0\ kN$

$\sum M_{S3} = 0$

$-M_{S3} + 30.4 - 30.2 + 20.x - \dfrac{10.x^2}{2} = 0$

$M_{S3} = -5.x^2 + 20.x + 60$

$\sum F_V = 0 \to 20 - 10.x - V_{S3} = 0$

$V_{S3} = 20 - 10.x$

Figura 10.100 - Trecho 4-5

$S_4: Domínio\ (0 \leq x \leq 3)\ m$

$\sum F_H = 0 \to V_{S4} = 0$

$\sum M_4 = 0 \to M_{S4} = 0$

$\sum F_V = 0 \to N_{S4} + 40 = -40\ kN\ (c)$

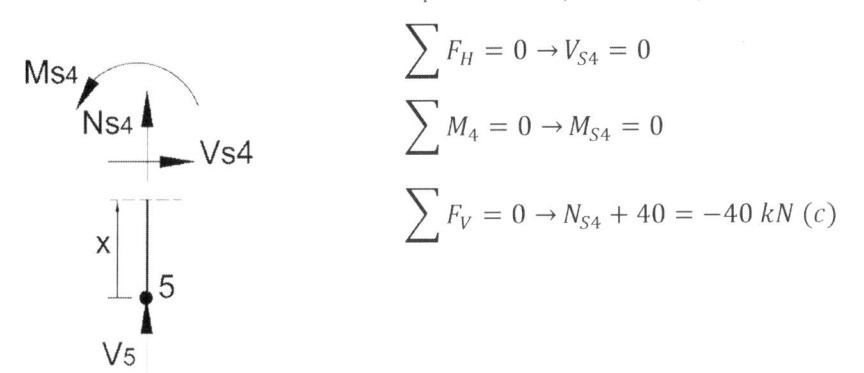

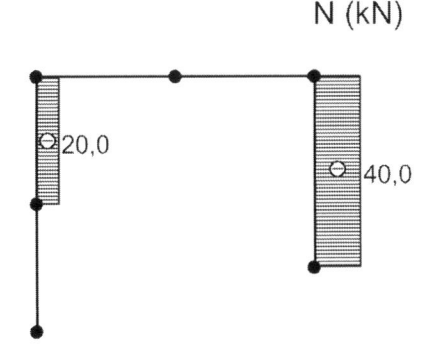

Figura 10.101 - Diagrama de Força Normal

N (kN)

20,0

40,0

Figura 10.102 – Diagrama de Força Cortante

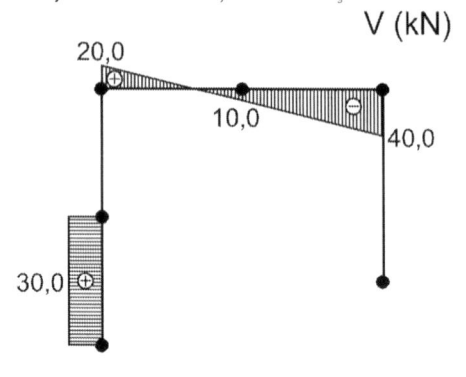

V (kN)

20,0

10,0

40,0

30,0

Figura 10.103 – Diagrama de Momento Fletor

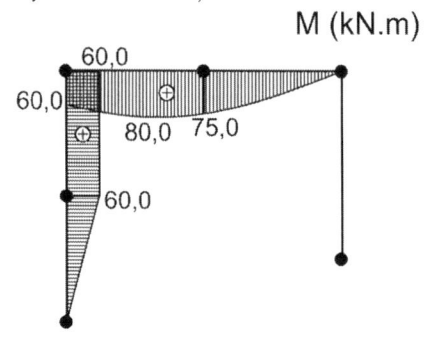

M (kN.m)

60,0

60,0

80,0 75,0

60,0

Após calcular-se os esforços de cortante e normal e de momento fletor, deve-se analisar cada alternativa nas questões apresentadas:

Questão 10.47 (Petrobrás 2011)

Com relação aos esforços normais, verifica-se que:

(A) (F); *Ao analisar o esforço normal no trecho, têm-se N=0.*

(B) (F); *Ao analisar o esforço normal no trecho, têm-se N=0.*

(C) (V); *Analisando o esforço normal têm-se:*
Trecho 1-2, N=0
Trecho 1-3, N=20 kN(c)
Trecho 3-4, N=0
Trecho 4-5, N= 40 kN (c)

(D) (F); *Ao analisar o esforço normal no trecho, têm-se N=0.*

(E) (F); *Como já verificado há esforços normais de compressão em alguns trechos e outros nulos.*

Questão 10.48 (Petrobrás 2011)

Analisando os esforços cortantes, conclui-se que o maior cortante existente no trecho 1-3 tem valor absoluto, em 30 kN.

Portanto, a alternativa correta é a letra (A).

Questão 10.49 (Petrobrás 2011)

A equação de momento fletor encontrada no trecho foi:

$M_{S3} = -5 \cdot x^2 + 20 \cdot x + 60$

$M_{S3} = -5 \cdot 3^2 + 20 \cdot 3 + 60$

$M_{S3} = 75 \, kN.m$

Portanto, a alternativa correta é a letra (D).

10.2.1.4 Engenheiro Civil Júnior (2010)

Questão 10.50 (Petrobrás 2010)

Observe o croqui da estrutura a seguir.

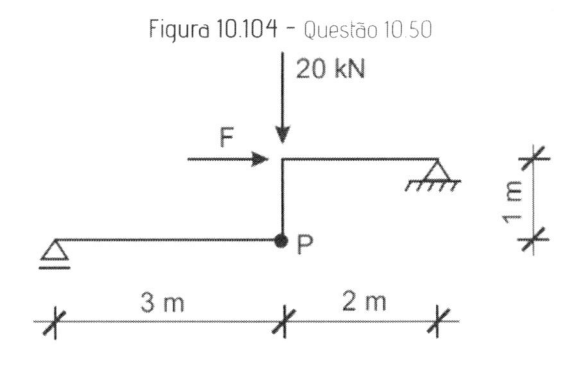

Figura 10.104 - Questão 10.50

Fonte: Petrobrás (2010)

Considerando a estrutura em equilíbrio, o módulo do Momento Fletor em P

(A) só pode ser calculado se F > 20kN
(B) depende sempre de F
(C) vale 20kN.m
(D) vale 24kN.m
(E) vale 80kN.m

Resposta: *A alternativa correta é a letra (D).*

Comentário:

Como demonstrado no Módulo 1 "Elementos de Análise Estrutural", em uma estrutura só existirá um momento fletor se nela for aplicada uma força perpendicular ao ponto analisado. Para o ponto P a força perpendicular atuante em relação ao momento é a reação do apoio da extrema esquerda. Com isso descobrindo o valor da reação do apoio pode-se calcular o momento em P.

Figura 10.105 - Momento de uma força

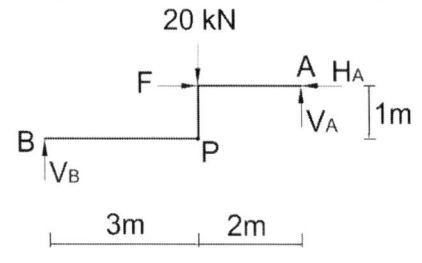

$$\sum M_A = 0 \rightarrow -V_B \cdot 5 + 20 \cdot 2 = 0$$

$$V_B = \frac{40}{5} \rightarrow V_B = 8 \, kN$$

Figura 10.106 - Momento de uma força

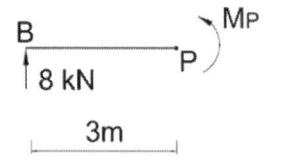

$$\sum M_P = 0 \rightarrow M_P - 8 \cdot 3 = 0$$

$$M_P = 24 \, kN$$

Assim a resposta para o momento no ponto P é a alternativa de letra (D).

> **Questão 10.51 (Petrobrás 2010)**

Um pilar com seção transversal circular de 1600 cm² recebe uma carga de 300 kN concêntrica e repassa para uma base circular com raio de 1,00 m, com uma excentricidade de 10 cm. Desprezando o peso próprio do pilar, o momento transmitido para o eixo da base, referente a esta excentricidade, em N.m, vale

(A) 3.000
(B) 15.000
(C) 30.000
(D) 45.000
(E) 60.000

Resposta:

A alternativa correta é a letra (C).

Comentário:

Conforme apresentado no Módulo 4 "Flexão e Projeto de Vigas", um momento gerado por uma carga axial excêntrica equivale à força vezes a excentricidade. No caso a carga está concêntrica ao pilar, mas o pilar está excêntrico a base, portanto o momento é gerado pela carga resultante do pilar (neste caso de peso próprio desprezível) vezes a excentricidade formada entre a base e o pilar.

$M = P \cdot e \rightarrow M = 300\,000\,N \cdot 0{,}1\,m \rightarrow M = 30\,000\,N.m$

Assim a alternativa correspondente ao valor do momento é a alternativa de letra (C).

Considere os dados abaixo para responder às questões de números 10.52 e 10.53.

Figura 10.107 - Questões 10.52 e 10.53

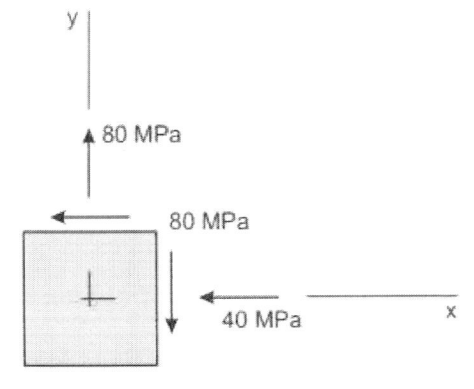

Fonte: Petrobrás (2010)

Questão 10.52 (Petrobrás 2010)

Para o estado plano de tensões fornecido, a maior tensão normal possível (σ_{max}), em MPa, vale:

(A) 40
(B) 60
(C) 80
(D) 120
(E) 140

Resposta:

A alternativa correta é a letra (D)

Comentário:

Conforme estudado no Módulo 6 "Transformações de Tensão e Deformação e suas Aplicações", para a tensão máxima para um estado plano de tensões têm-se:

$$\sigma_{max} = \frac{\sigma_x + \sigma_y}{2} + \sqrt{\left(\frac{\sigma_x - \sigma_y}{2}\right)^2 + \tau_{xy}^2}$$

$$\sigma_{max} = \frac{-40 + 80}{2} + \sqrt{\left(\frac{-40 - 80}{2}\right)^2 + (-80)^2}$$

$$\sigma_{max} = 120 \; MPa$$

Questão 10.53 (Petrobrás 2010)

De acordo com o estado plano de tensões fornecido, a menor tensão normal σ_{min}, em MPa, vale:

(A) –40
(B) –80
(C) –120
(D) –140
(E) –160

Resposta:

A alternativa correta é a letra (B).

Comentário:

Conforme estudado no Módulo 6 "Transformações de Tensão e Deformação e suas Aplicações", para a tensão mínima para um estado plano de tensões têm-se:

$$\sigma_{min} = \frac{\sigma_{x}+\sigma_{y}}{2} - \sqrt{\left(\frac{\sigma_{x}-\sigma_{y}}{2}\right)^2 + \tau_{xy}^2}$$

$$\sigma_{min} = \frac{-40+80}{2} - \sqrt{\left(\frac{-40-80}{2}\right)^2 + (-80)^2}$$

$\sigma_{max} = -80\ MPa$

Considere o croqui e os dados da estrutura isostática a seguir para responder às questões 10.54 à 10.58.

Figura 10.108 - Questões de 10.54 à 10.58

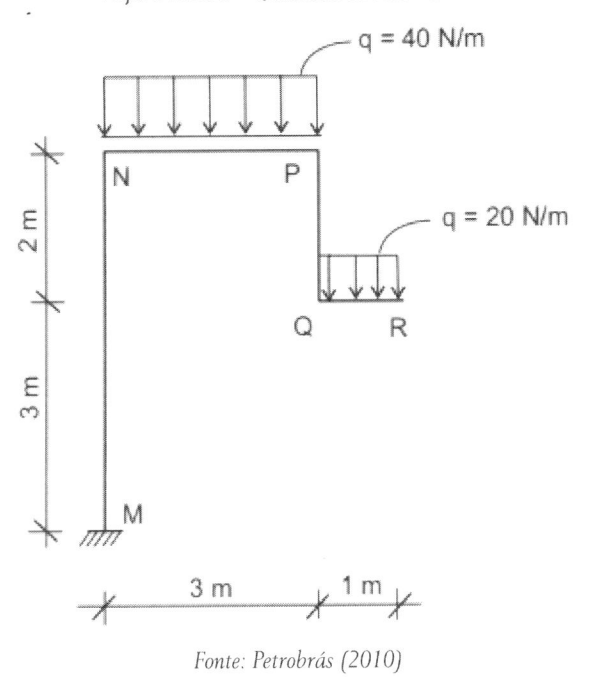

Fonte: Petrobrás (2010)

Questão 10.54 (Petrobrás 2010)

O tipo e o valor do esforço normal no trecho PQ, são respectivamente,

(A) tração e 20N.
(B) tração e 40N.
(C) tração e 120N.
(D) compressão e 10N.
(E) compressão e 120N.

Resposta:
A alternativa correta é a letra (A).

Questão 10.55 (Petrobrás 2010)

O maior esforço cortante em módulo encontra-se no

(A) meio do trecho MN.
(B) meio do trecho QR.
(C) ponto N, do trecho NP.
(D) ponto Q, do trecho PQ.
(E) ponto R, do trecho QR.

Resposta: *A alternativa correta é a letra (C).*

Questão 10.56 (Petrobrás 2010)

A variação do esforço cortante no trecho QR, em N, vale

(A) 5
(B) 10
(C) 15
(D) 20
(E) 40

Resposta: *A alternativa correta é a letra (D).*

Questão 10.57 (Petrobrás 2010)

O módulo do Momento Fletor, no meio do trecho NP, em N.m, vale,

(A) 75
(B) 85
(C) 120
(D) 130
(E) 250

Resposta: *A alternativa correta é a letra (B).*

> Questão 10.58 (Petrobrás 2010)

Analisando o diagrama de momentos fletores, conclui-se que no trecho

(A) PQ, o momento é variável.
(B) NP, o momento é constante.
(C) QR, o momento é nulo.
(D) MN, o momento é constante.
(E) MN, o momento é constante e nulo.

Resposta:
A alternativa correta é a letra (D).

Comentários (referentes às questões de 10.54 a 10.58):

A princípio deve ser feito o diagrama de corpo livre da estrutura. No ponto (M), tem-se um engaste, portanto três restrições ao deslocamento, uma vertical, uma horizontal e uma restrição ao giro.

Figura 10.109 - Diagrama de Corpo Livre

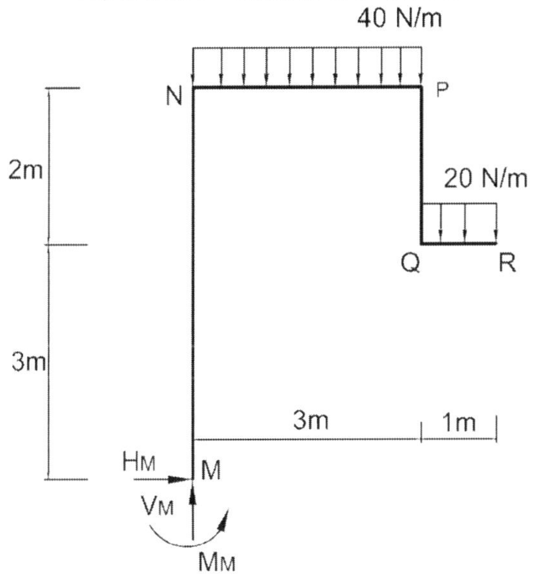

Utilizando as Equações Universais do equilíbrio, conforme Módulo 1 "Elementos de Análise Estrutural", é possível determinar as reações de apoio da estrutura.

$$\sum F_H = 0 \rightarrow H_M = 0 \, N$$

$$\sum F_V = 0 \rightarrow V_M - 40.3 - 20.1 = 0 \rightarrow V_M = 140 \, N$$

$$\sum M_M = 0 \rightarrow M_M - 40.3.\frac{3}{2} - 20.1.\left(3 + \frac{1}{2}\right) = 0 \rightarrow M_M = 250 \, N.m$$

Utilizando-se do Método das Seções é possível determinar os esforços de cortante e normal e momento fletor em cada trecho da estrutura.

Figura 10.110 - Trecho M-N
$0 \leq x \leq 5$

$$\sum F_H = 0 \rightarrow V_1 = 0 \, N$$

$$\sum M_1 = 0 \rightarrow M_1 + 250 = 0$$

$$M_1 = -250 \, N.m$$

$$\sum F_V = 0 \rightarrow N_1 + 140 = 0$$

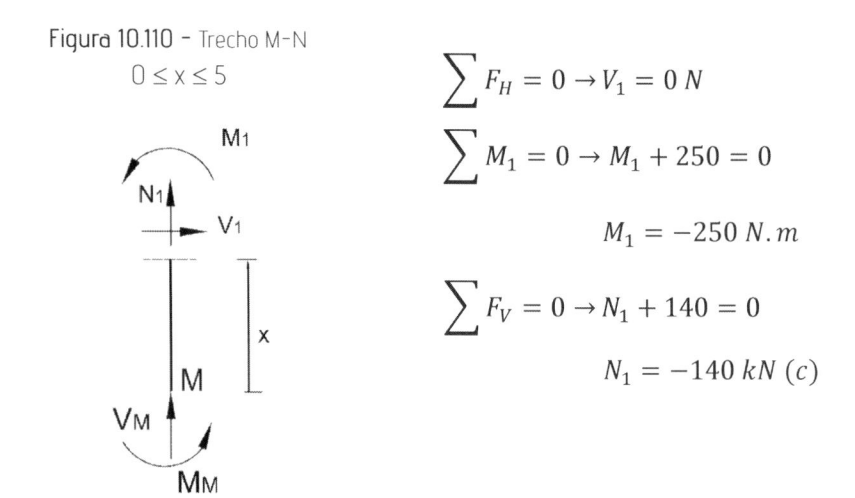

$$N_1 = -140 \, kN \, (c)$$

Figura 10.111 - Trecho N-P
$0 \leq x \leq 3$

$$\sum F_H = 0 \rightarrow N_2 = 0$$

$$\sum M_2 = 0$$

$$250 - 140.x + 40.\frac{x^2}{2} + M_2 = 0$$

$$M_2 = -20x^2 + 140.x - 250$$

$$\sum F_V = 0 \rightarrow -V_2 + 140 - 40.x = 0$$

$$V_2 = -40.x + 140$$

Figura 10.112 - Trecho P-Q
$0 \leq x \leq 2$

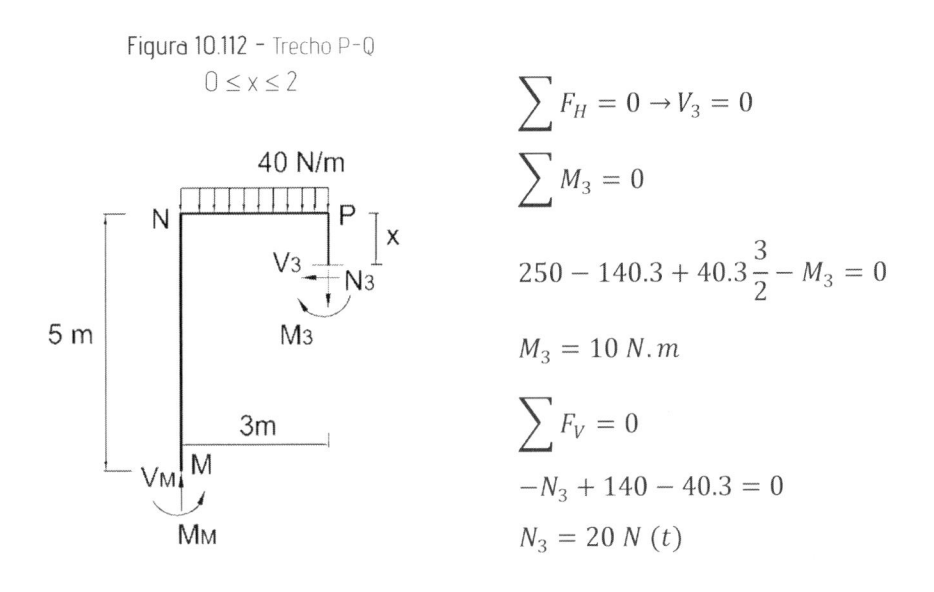

$\sum F_H = 0 \rightarrow V_3 = 0$

$\sum M_3 = 0$

$250 - 140.3 + 40.3\dfrac{3}{2} - M_3 = 0$

$M_3 = 10\ N.m$

$\sum F_V = 0$

$-N_3 + 140 - 40.3 = 0$

$N_3 = 20\ N\ (t)$

Figura 10.113 - Trecho Q-R
$0 \leq x \leq 1$

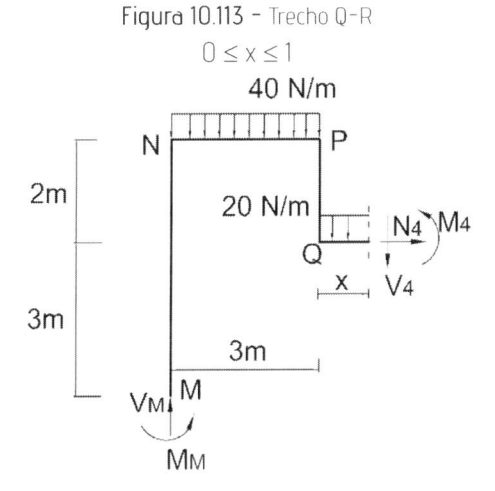

$\sum F_H = 0 \rightarrow N_4 = 0\ N$

$\sum M_4 = 0 \rightarrow 250 - 140.(3 + x) + 40.3\left(\dfrac{3}{2} + x\right) + 20.\dfrac{x^2}{2} + M_4 = 0$

$M_4 = -10 + 20.x - 10.x^2$

$\sum F_V = 0 \rightarrow -V_4 + 140 - 40.3 - 20.x = 0 \rightarrow V_4 = -20.x + 20$

Figura 10.114 - Diagrama de Força Normal
N(N)

Figura 10.115 - Diagrama de Força Cortante
V(N)

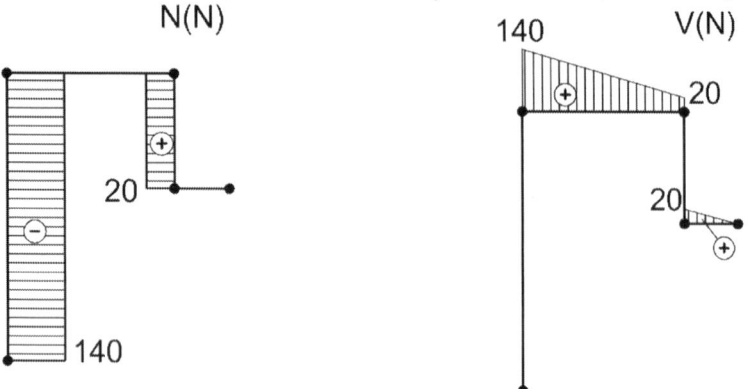

Figura 10.116 - Diagrama de Momento Fletor
M(N.m)

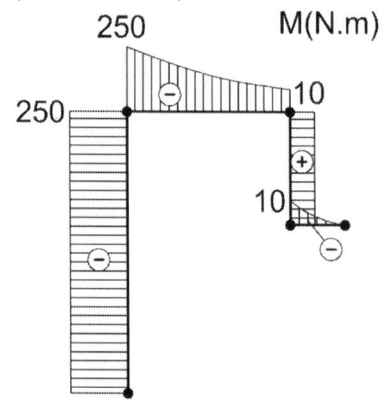

Após calcular-se os esforços de cortante e normal e de momento fletor, deve-se analisar cada alternativa nas questões apresentadas:

Questão 10.54 (Petrobrás 2010)

O tipo e o valor do esforço normal no trecho PQ são, respectivamente,

(A) (V); Conforme calculado, no trecho PQ o esforço normal é de tração e vale 20 N.
(B) (F); ver alternativa (A).
(C) (F); ver alternativa (A).
(D) (F); ver alternativa (A).
(E) (F); ver alternativa (A).

Questão 10.55 (Petrobrás 2010)

O maior esforço cortante em módulo encontra-se no

(A) (F); Analisando a cortante no trecho MN, $V_1=0$ N

(B) (F); Analisando a cortante na metade do trecho QR, $V_4 = -20 \cdot x + 20$, onde $x = 0,5$ m, $V_4 = -20 \cdot 0,5 + 20 = 10$ N

(C) (V); *Analisando a cortante no ponto N, do Trecho NP, $V_2=40 \cdot x-140$, onde $x = 0$ m, $V_2=-40 \cdot 0+140=140$ N*

(D) (F); *Analisando a cortante no ponto Q, do Trecho PQ, $V_3=0$ N*

(E) (F); *Analisando a cortante no ponto R, do trecho QR, $V_4=-20 \cdot x+20$, onde $x = 1$ m, $V_4=-20 \cdot 1+20=0$ N*

Questão 10.56 (Petrobrás 2010)

A equação de esforço cortante no trecho é $V_4=-20 \cdot x+20$, assim no ponto Q, onde $x=0$ m, $V = 20$ N, e no ponto R, onde $x = 1$ m, $V = 0$ N. Portanto a variação do esforço cortante vale 20 N, sendo a letra (D), aplicável a essa questão.

(A) (F);
(B) (F);
(C) (F);
(D) (V);
(E) (F);

Questão 10.57 (Petrobrás 2010)

A equação de Momento fletor do trecho é $M_2=-20 \cdot x^2+140 \cdot x-250$, sendo que no meio do trecho $x = 1,5$ m, $M_2=201,5^2 - 140.1,5+250=85$ N, portanto a alternativa correta é a letra (B).

(A) (F);
(B) (V);
(C) (F);
(D) (F);
(E) (F);

Questão 10.58 (Petrobrás 2010)

Analisando o diagrama de momentos fletores, conclui-se que no trecho

(A) (F); *Analisando o momento fletor no trecho têm-se $M_3=10$ N.m, constante.*
(B) (F); *Analisando o momento fletor no trecho têm-se $M_2=-20 \cdot x^2+140 \cdot x-250$, portanto variável.*
(C) (F); *Analisando o momento fletor no trecho têm-se $M_4=-10+20 \cdot x-10 \cdot x^2$, não nulo.*
(D) (V); *Analisando o momento fletor no trecho têm-se $M_1=-250$ N.m.*
(E) (F); *Analisando o momento fletor no trecho têm-se $M_1=-250$ N.m, constante, mas não nulo.*

10.2.1.5 Engenheiro Civil Pleno (2006)

As questões 10.59 e 10.60 referem-se ao estado plano de tensões indicado a seguir.

Figura 10.117 – Questões 10.59 e 10.60

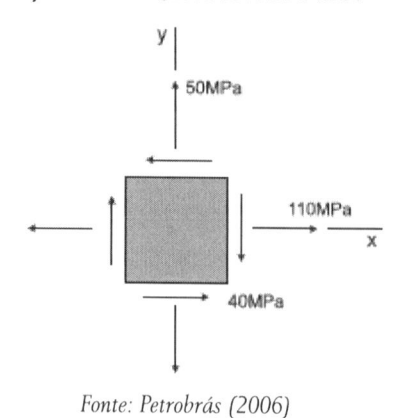

Ângulo	Tangente
18,44°	1/3
33,69°	2/3
45°	1
53,14°	4/3
59,04°	5/3
63,43°	2

Fonte: Petrobrás (2006)

Questão 10.59 (Petrobrás 2006)

As tensões principais mínimas e máximas, respectivamente, em MPa, valem:

(A) 30 e 130
(B) 40 e 50
(C) 40 e 110
(D) 50 e 110
(E) 80 e 110

Resposta:

A alternativa correta é a letra (A).

Comentário:

Conforme apresentado no Módulo 6 "Transformações de Tensão e Deformação e suas Aplicações ", representa-se o Círculo de Mohr,

$$\sigma_{méd} = \frac{\sigma_x + \sigma_y}{2} = \frac{50+110}{2} = 80 MPa$$

$$R = \sqrt{\left(\frac{\sigma_x - \sigma_y}{2}\right)^2 + \tau^2_{xy}} \therefore R = \sqrt{\left(\frac{110-50}{2}\right)^2 + (-40)^2} \to R = 50 MPa$$

A maior tensão normal possível será:

$$\sigma_{máx} = \sigma_{méd} + R \to \sigma_{máx} = 80 + 50 = 130 \ MPa$$

A menor tensão normal possível será:

$$\sigma_{min} = \sigma_{méd} - R \to \sigma_{min} = 80 - 50 = 30 \ MPa$$

Então a alternativa que corresponde às respostas é a alternativa de letra (A).

Questão 10.60 (Petrobrás 2006)

O plano principal é encontrado girando-se o elemento dado no sentido horário, em um ângulo, em graus, de:

(A) 18,43
(B) 22,50
(C) 26,57
(D) 30
(E) 45

Resposta:
A alternativa correta é a letra (C).

Comentário:
Conforme apresentado no Módulo 6 "Transformação de Tensão e Deformação e suas Aplicações", representamos o Círculo de Mohr e determinamos um ponto P de referência, sendo que as coordenadas de P são P(σ_x, τ_{xy});

P(110, -40)

O plano principal é medido trigonometricamente, considerando a linha de referência radial entre o ponto P e o centro do círculo.

$$tg\, 2\theta_p = -\frac{40}{30}$$

Segundo a tabela apresentada $tg\, \theta = \frac{4}{3}$, assim $\theta = 53,14°$

$2\theta_p = -53,14° \rightarrow \theta_p = -26,57°$

Assim a alternativa que corresponde a resposta calculada é a alternativa de letra (C).

As questões de número 10.61 à 10.63 referem-se ao quadro isostático abaixo.

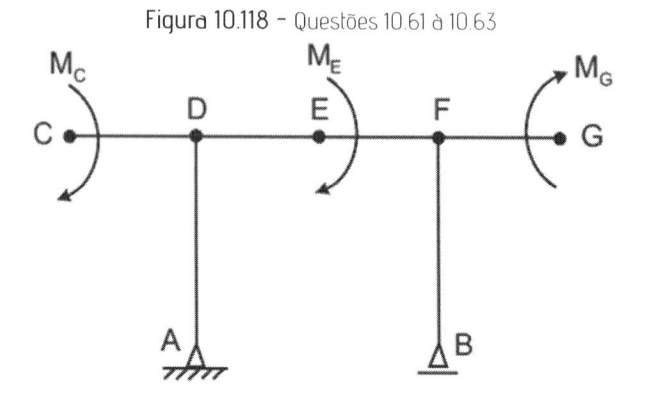

Figura 10.118 - Questões 10.61 à 10.63

Fonte: Petrobrás (2006)

Dados:

AD = BF = 3m
CD = DE = EF = FG = 2m
MC = MG = 40 N.m e ME = 20 N.m

Questão 10.61 (Petrobrás 2006)

Com relação aos esforços normais, é correto afirmar que:

(A) no trecho AD existe uma tração de 25N.
(B) no trecho BF existe uma tração de 20N.
(C) o único esforço existente de tração vale 40N.
(D) não existem esforços de tração.
(E) não existem esforços de compressão.

Resposta:
A alternativa correta é a letra (A).

Questão 10.62 (Petrobrás 2006)

Analisando os esforços cortantes, verifica-se corretamente que ele(s):

(A) existe somente no trecho DE, com valor absoluto de 20N.
(B) estão presentes em todo o trecho CG, com valor absoluto de 40N.
(C) estão presentes em todo o trecho DF, com valor absoluto de 25N.
(D) estão presentes apenas nos trechos AD e BF, com valores absolutos de 20N, em cada trecho.
(E) são nulos em todos os trechos.

Resposta:

A alternativa correta é a letra (C).

Questão 10.63 (Petrobrás 2006)

No estudo dos momentos fletores, conclui-se corretamente que:

(A) entre o ponto D à direita e o ponto E à esquerda há uma variação de 50 N.m.
(B) no trecho EF o momento fletor é constante de 20 N.m.
(C) no trecho CE o momento fletor é constante de 40 N.m.
(D) existe apenas um trecho sem momento fletor.
(E) o maior momento fletor existente é de 80 N.m.

Resposta:

A alternativa correta é a letra (A).

Comentários (referentes às questões 10.61, 10.62, 10.63):

Inicialmente deve ser feito o diagrama de corpo livre da estrutura. No ponto (A), têm-se um apoio articulado fixo, portanto duas restrições ao deslocamento, uma vertical e outra horizontal. No ponto (B), têm-se um apoio articulado móvel, portanto uma única restrição ao deslocamento, na direção vertical.

Figura 10.119 - Diagrama de Corpo Livre

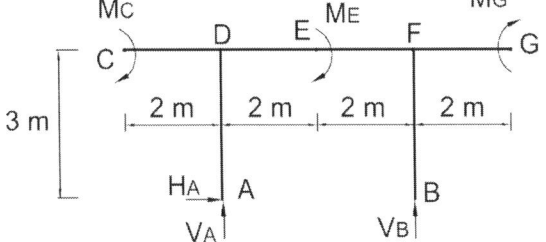

Utilizando as Equações Universais do equilíbrio, conforme Módulo 1 "Elementos de Análise Estrutural", é possível determinar as reações de apoio da estrutura.

$$\sum F_H = 0 \rightarrow H_A = 0\ N$$

$$\sum M_A = 0 \rightarrow -M_C - M_E - M_G + V_B.4 = 0 \rightarrow -40 - 20 - 40 + V_B.4 = 0$$

$$V_B = 25\ N$$

$$\sum F_V = 0 \rightarrow V_B + V_A = 0 \rightarrow 25 + V_A = 0$$

$$V_A = -25\ N$$

Utilizando-se do Método das Seções é possível determinar os esforços de cortante e normal e momento fletor em cada trecho da estrutura.

Figura 10.120 - Trecho A-D

$0 \leq x \leq 3$

$$\sum F_H = 0 \rightarrow V_1 = 0\ N$$

$$\sum M_1 = 0 \rightarrow M_1 = 0\ N.m$$

$$\sum F_V = 0 \rightarrow N_1 - 25 = 0$$

$$N_1 = 25\ N\ (t)$$

Figura 10.121 - Trecho C-D

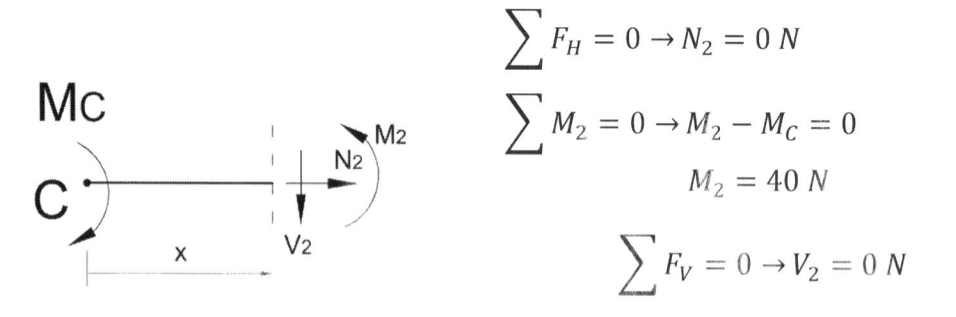

$0 \leq x \leq 2$

$$\sum F_H = 0 \rightarrow N_2 = 0\ N$$

$$\sum M_2 = 0 \rightarrow M_2 - M_C = 0$$

$$M_2 = 40\ N$$

$$\sum F_V = 0 \rightarrow V_2 = 0\ N$$

Figura 10.122 - Trecho D-E

$2 \leq x \leq 4$

$\sum F_H = 0 \rightarrow N_3 = 0$

$\sum M_3 = 0 \rightarrow M_3 - M_C - [-25(x-2)] = 0$

$M_3 = -25 \cdot x + 90$

$\sum F_V = 0 \rightarrow -V_2 - 25 = 0$

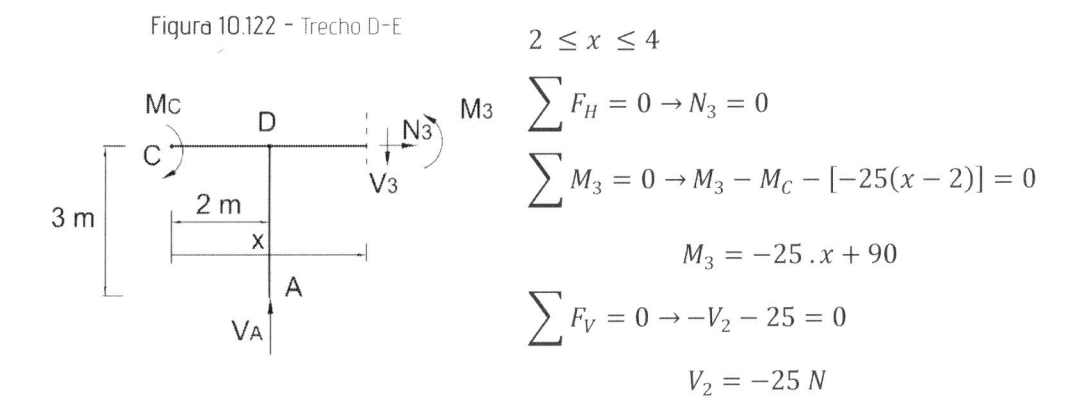

$V_2 = -25\ N$

Uma vez que os carregamentos externos e as medidas do pórtico são iguais, conclui-se que a estrutura é simétrica. Dessa forma os esforços solicitantes são de valores iguais porém sinais opostos, devido a reação em (A) ser contrária a reação em (B). Assim têm-se:

Figura 10.123 - Trecho B-F

Trecho B-F: $0 \leq x \leq 3$

$\sum F_H = 0 \rightarrow V_4 = 0\ N$

$\sum M_4 = 0 \rightarrow M_4 = 0\ N.m$

$\sum F_V = 0 \rightarrow N_4 + 25 = 0$

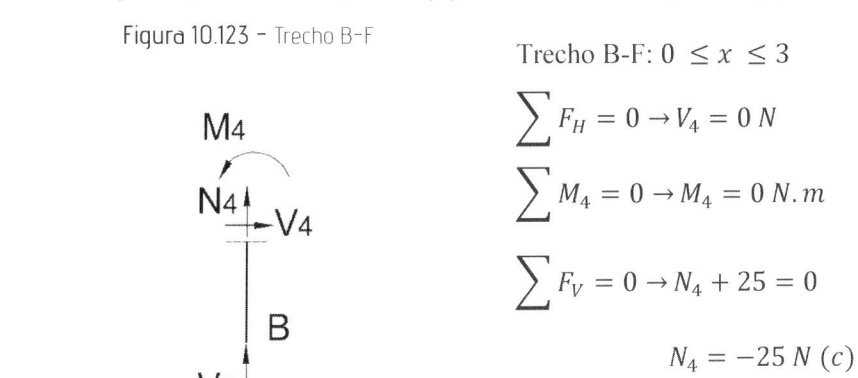

$N_4 = -25\ N\ (c)$

Figura 10.124 - Trecho F-G

Trecho F-G: $0 \leq x \leq 2$

$\sum F_H = 0 \rightarrow N_5 = 0\ N$

$\sum M_5 = 0 \rightarrow -M_5 - M_G = 0 \rightarrow M_5 = -40\ N$

$\sum F_V = 0 \rightarrow V_5 = 0\ N$

Figura 10.125 - Trecho F-E

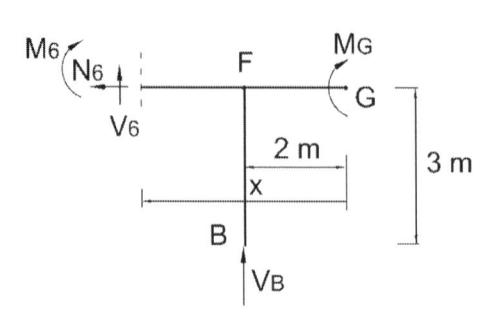

Trecho F-E: $2 \leq x \leq 4$

$$\sum F_H = 0 \to N_6 = 0\ N$$

$$\sum M_6 = 0 \to M_6 + M_G - 25.(x-2) = 0$$

$$M_6 = 25.x - 90$$

$$\sum F_V = 0 \to V_6 + 25 = 0$$

$$V_6 = -25\ N$$

Figura 10.126 - Diagrama de Força Normal

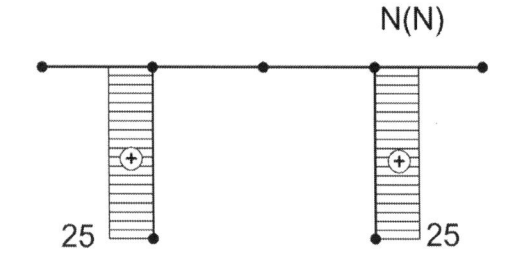

N(N)

Figura 10.127 - Diagrama de Força Cortante

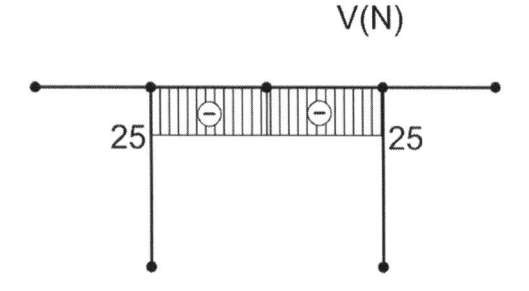

V(N)

Figura 10.128 - Diagrama de Momento Fletor

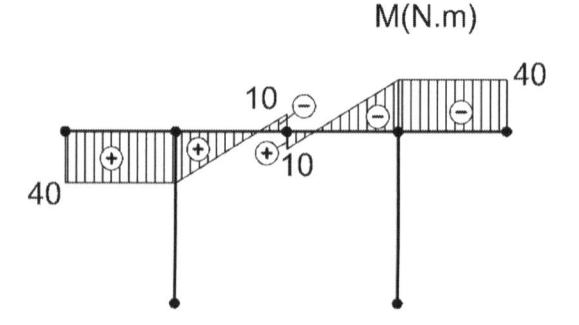

M(N.m)

Após calcular-se os esforços de cortante e normal e de momento fletor, deve-se analisar cada alternativa nas questões apresentadas:

Questão 10.61 (Petrobras 2006)

(A) (V); *Analisando o esforço normal no trecho AD, têm-se, N = 25 N.*

(B) (F); *Analisando o esforço normal no trecho BF, têm-se, N = -25 N.*

(C) (F); *Analisando os esforços normais no pórtico, têm-se um esforço de tração e um de compressão, onde os dois valem 25 N.*

(D) (F); *Analisando os esforços normais, existe um esforço de tração no valor de 25 N.*

(E) (F); *Analisando os esforços normais, existe um esforço de compressão no valor de 25 N.*

Questão 10.62 (Petrobras 2006)

(A) (F); *Analisando os esforços cortantes, além do trecho DE, há cortante também no trecho EF, ambos com valor de 25 N.*

(B) (F); *Conforme analisado anteriormente, há cortantes no valor de 25 N, nos trechos DE e EF.*

(C) (V); *Como analisado anteriormente, há cortante no trecho DF de 25 N.*

(D) (F); *Nos techos AD e BF não há cortante.*

(E) (F); *Conforme analisado anteriormente, há cortantes no valor de 25 N.*

Questão 10.63 (Petrobras 2006)

(A) (V); *Analisando a equação de momento fletor no trecho, têm-se,*
$M_3 = -25 \cdot x + 90$, *assim*
Se $x = 2$, $M = 40$ N.m
Se $x = 4$, $M = -10$ N.m
Dessa forma, há uma variação de 50 N.m.

(B) (F); *Analisando a equação de momento fletor no trecho, têm-se,* $M_6 = 25 \cdot x - 90$, *variável.*

(C) (F); *Analisando as equações de momento fletor, no trecho C-D é constante o valor de 40 N.m, mas em D-E o momento fletor é variável.*

(D) (F); *Analisando os momentos fletores, tanto o trecho A-D quanto o trecho B-F, observa-se que em ambos os trechos os momentos são nulos.*

(E) (F); *Analisando os momento fletores, têm-se:*
Trecho AD e BF, M = 0 N.m
Trecho CD e FG, M = 40 N.m
Trecho DE e EF, Mmax = 40 N.

10.2.1.6 Engenheiro Civil Júnior (2005)

Questão 10.64 (Petrobrás 2005)

Figura 10.129 – Questão 10.64

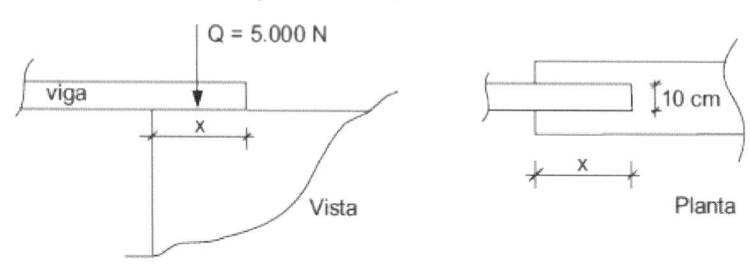

Fonte: Petrobrás (2005)

Considerando-se Q como a resultante das cargas oriundas da viga e que a estrutura de apoio da figura acima representa a tensão admissível à compressão de 0,2 MPa, o menor valor de x, em centímetros, sem qualquer majoração ou minoração, para atender à situação apresentada deverá ser:

(A) 5
(B) 10
(C) 20
(D) 25
(E) 40

Resposta:

A alternativa correta é a letra (D).

Comentário:

Conforme apresentado no Módulo 2 "Tensão e Deformação em Elementos Lineares; Lei de Hooke", para que a estrutura de apoio possa atender à situação apresentada, a tensão exercida sobre ela não poderá exceder 0,2 MPa.

Figura 10.130 – Questão 10.64

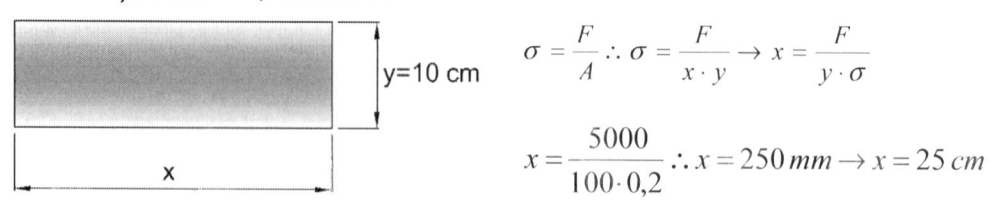

$$\sigma = \frac{F}{A} \therefore \sigma = \frac{F}{x \cdot y} \to x = \frac{F}{y \cdot \sigma}$$

$$x = \frac{5000}{100 \cdot 0,2} \therefore x = 250\ mm \to x = 25\ cm$$

A alternativa que atende ao cálculo é a alternativa de letra (D).

Questão 10.65 (Petrobrás 2005)

No estudo das propriedades dos corpos sólidos, a capacidade que têm os corpos de se reduzirem a fios sem se romperem refere-se a:

(A) ductilidade.
(B) maleabilidade.
(C) plasticidade.
(D) dureza.
(E) elasticidade.

Resposta:
A alternativa correta é a letra (A).

Comentário:
(A) (V); *Conforme apresentado no Módulo 2 "Tensão e Deformação em Elementos Lineares; Lei de Hooke", a resposta certa é ductilidade, propriedade que representa o grau de deformação que um material suporta até o momento de sua fratura. Materiais muito dúcteis deformam muito antes de romper.*
(B) (F); *Maleabilidade é uma propriedade que apresentam os corpos ao serem moldados por deformação.*
(C) (F); *Plasticidade é a propriedade de um corpo mudar de forma de modo irreversível, ao ser submetido a uma tensão.*
(D) (F); *Dureza é a propriedade característica de um material sólido, que expressa sua resistência a deformações permanentes.*
(E) (F); *Elasticidade é a propriedade dos materiais que se deformam ao serem submetidos a cargas e retornarem à sua forma original quando esta é removida.*

Questão 10.66 (Petrobrás 2005)

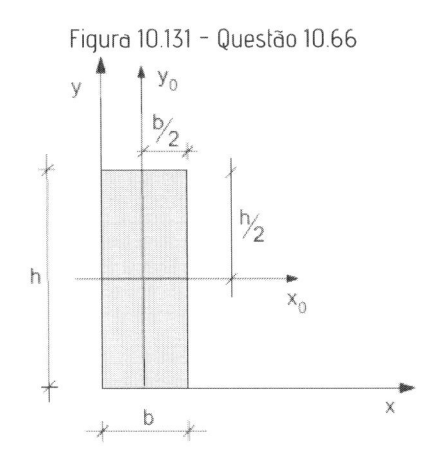

Figura 10.131 - Questão 10.66

Fonte: Petrobrás (2005)

Os momentos de inércia do retângulo de base b e altura h, em relação aos eixos baricêntricos acima esquematizados, são, relativamente ao eixo x_0 e ao y_0, respectivamente,

(A) $\dfrac{bh^2}{8}$ $\quad\dfrac{hb^2}{8}$

(B) $\dfrac{bh^3}{3}$ $\quad\dfrac{hb^3}{3}$

(C) $\dfrac{bh^3}{12}$ $\quad\dfrac{hb^3}{12}$

(D) $\dfrac{hb^3}{12}$ $\quad\dfrac{bh^3}{12}$

(E) $\dfrac{h^3}{12b}$ $\quad\dfrac{b^3}{12h}$

Resposta:

A alternativa correta é a letra (C).

Comentário:

Conforme apresentado no Módulo 1 "Elementos de Análise Estrutural", o momento de inércia é dado pelas seguintes equações:

$$I_x = \int_A y^2 \cdot dA \qquad I_y = \int_A x^2 \cdot dA$$

Para a seção retangular que possui dimensões $b.h$ como mostra a figura, uma faixa estreita, de área $dA = b\,dy$ foi selecionada a uma distância y do eixo x. Logo o cálculo de I_x passa a ser:

$$I_x = \int_{-\frac{h}{2}}^{\frac{h}{2}} y^2 \cdot b\,dy \qquad I_x = \frac{b \cdot h^3}{12}$$

Para o cálculo de I_y definiu-se uma faixa paralela ao eixo y. Dessa forma $dA = h\,dx$

$$I_y = \int_{-\frac{b}{2}}^{\frac{b}{2}} x^2 \cdot h\,dx \qquad I_y = \frac{h \cdot b^3}{12}$$

A alternativa que corresponde as respostas é a alternativa de letra (C).

> Questão 10.67 (Petrobrás 2005)

Figura 10.132 – Questão 10.67

Fonte: Petrobrás (2005)

A viga de madeira maciça, alta e esbelta acima representada, em função das cargas indicadas, pode sofrer um tipo de instabilidade conhecido como:

(A) flambagem lateral.
(B) fibras reversas.
(C) cisalhamento transversal.
(D) flexão invertida.
(E) tração esmoada.

Resposta:
A alternativa correta é a letra (A).

Comentário:
Conforme apresentado no Módulo 8 "Flambagem em Colunas e Projeto de Pilares" um elemento estrutural esbelto quando submetido a cargas axiais de compressão poderá sofrer flambagem, portant para uma viga em que atuam cargas axiais, poderá sofrer a flexão transversal, ou seja, flambagem lateral. Logo, a alternativa correta é a letra (A) e as demais alternativas estão incorretas.

> Questão 10.68 (Petrobrás 2005)

Com relação aos aparelhos de apoio fixos utilizados em pontes, pode-se afirmar que:

(A) não permitem o movimento de rotação.
(B) permitem os movimentos de translação.
(C) transmitem esforços verticais, apenas.
(D) transmitem esforços horizontais, apenas.
(E) transmitem esforços horizontais e verticais.

Resposta:
A alternativa correta é a letra (E).

Comentário:

Os aparelhos de apoio fixo em pontes são analisados da mesma forma de apoio fixo de uma viga qualquer. Dessa forma, os apoios fixos transmitem esforços em todas as direções e permitem movimento de rotação, porém impedem os de translação. Logo, a alternativa que se adapta a essa afirmativa é a letra (E).

10.2.1.7 Engenheiro Civil Pleno (2005)

Questão 10.69 (Petrobrás 2005)

Observe os conectores de pequeno comprimento que fazem a emenda da chapa de ligação que recebe a carga Q, conforme esquematizado na figura 10.133, no trecho de uma estrutura metálica.

Esses conectores estão sujeitos exclusivamente a esforços:

(A) de cisalhamento com distribuição uniforme entre eles.
(B) de cisalhamento com distribuição não uniforme entre eles.
(C) de tração axial uniformemente distribuída entre eles.
(D) de tração axial, com distribuição não uniforme entre eles.
(E) combinados de tração axial e de cisalhamento.

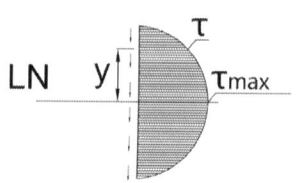

Figura 10.133 - Questão 10.69

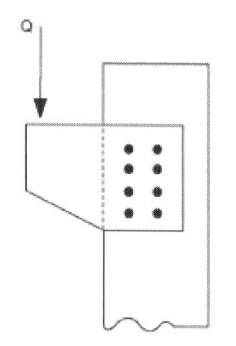

Fonte: Petrobrás (2005)

Resposta:

A alternativa correta é a letra (B).

Comentário:

Fazendo uma análise um infinitésimo antes da linha de conectores e supondo que a chapa é retangular, temos o diagrama a seguir:

Figura 10.134 - Diagrama de tensões cisalhantes

Para cada coordenada (y), tem-se um τ (cisalhamento) diferente, assim pode-se julgar os itens:

(A) (F); *Conforme o diagrama de tensões, a distribuição não é uniforme.*
(B) (V); *Correto.*
(C) (F); *Esta situação não se aplica.*
(D) (F); *Esta situação não se aplica.*
(E) (F); *Esta situação não se aplica.*

As questões de número 10.70 a 10.72 referem-se ao quadro isostático abaixo

Figura 10.135 - Questões 10.70 à 10.72

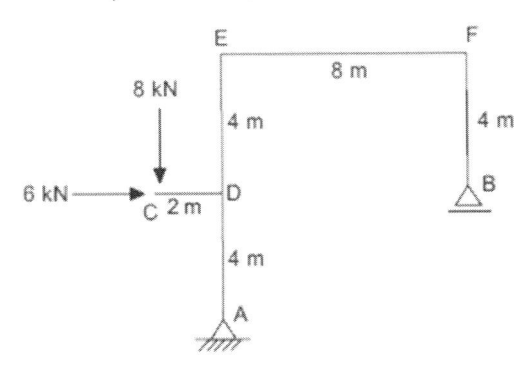

Fonte: Petrobrás (2005)

Questão 10.70 (Petrobrás 2005)

Com relação aos esforços normais, é correto afirmar que o:

(A) trecho FB está comprimido com 7 kN.
(B) trecho EF está comprimido com 6 kN.
(C) trecho AD está comprimido com 6 kN.
(D) trecho CD está tracionado com 6 kN.
(E) o único trecho tracionado é o DE com 1 kN

Resposta: *A alternativa correta é a letra (E).*

Questão 10.71 (Petrobrás 2005)

No estudo dos esforços cortantes, é correto afirmar que:

(A) não existe cortante no trecho AE.

(B) o cortante no trecho AD é variável.
(C) o maior cortante do quadro encontra-se no trecho EF.
(D) nos trechos DE e BF o cortante é zero.
(E) no trecho CD o cortante é variável.

Resposta: *A alternativa correta é a letra (D).*

Questão 10.72 (Petrobrás 2005)

Analisando o diagrama de momentos fletores, é correto afirmar que:

(A) no trecho CD o momento é constante.
(B) no trecho AD o momento é constante.
(C) no trecho AE não existe variação de momento.
(D) o momento no trecho BF é nulo.
(E) o maior momento encontra-se no trecho EF.

Resposta:

A alternativa correta é a letra (D).

Comentário:

A princípio deve ser feito o diagrama de corpo livre da estrutura. No ponto (A), têm-se um apoio articulado fixo, portanto duas restrições ao deslocamento, uma vertical e outra horizontal. No ponto (B), têm-se um apoio articulado móvel, portanto uma única restrição ao deslocamento, na direção vertical.

Figura 10.136 – Diagrama de Corpo Livre

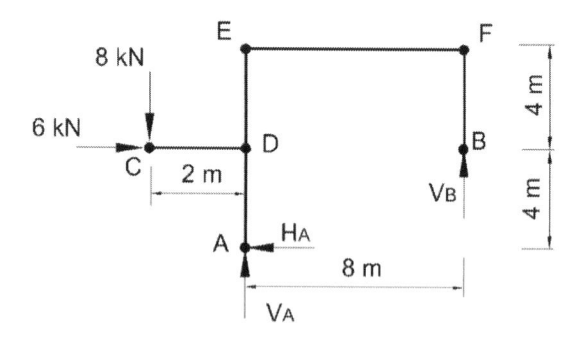

Utilizando as Equações Universais do Equilíbrio, conforme Módulo 1 "Elementos de Análise Estrutural", é possível determinar as reações de apoio da estrutura.

$$\sum F_H = 0 \rightarrow -H_A + 6 = 0 \rightarrow H_A = 6\,kN$$

$$\sum M_A = 0 \rightarrow -6.4 + 8.2 + V_B.8 = 0 \rightarrow V_B = 1\,kN$$

$$\sum F_V = 0 \rightarrow 1 - 8 + V_A = 0 \rightarrow V_A = 7\,kN$$

Utilizando-se do Método das Seções pode-se determinar os esforços de cortante e normal e momento fletor em cada trecho da estrutura.

Figura 10.137 - Trecho A-D

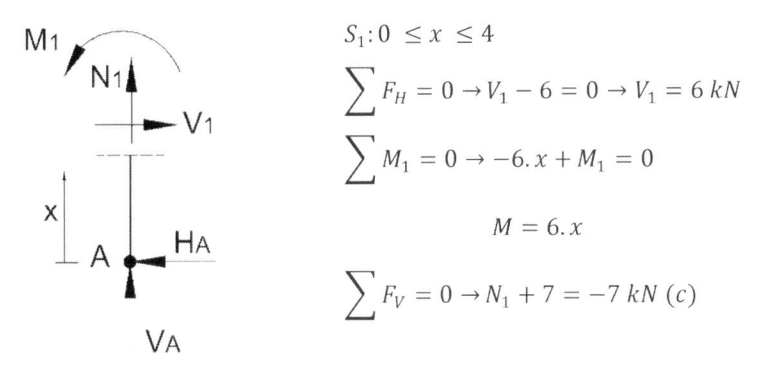

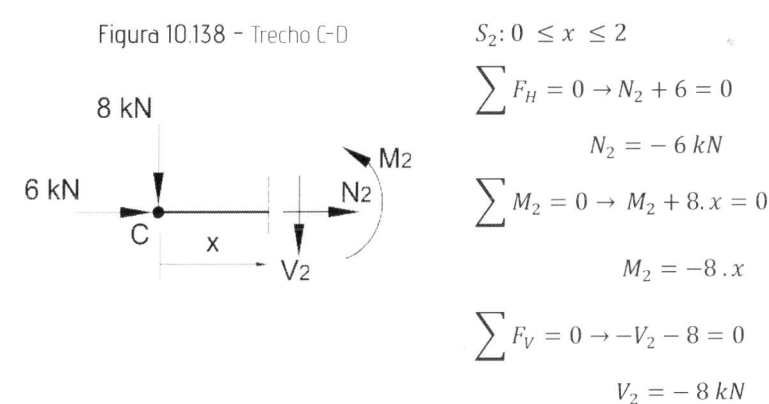

$S_1: 0 \leq x \leq 4$

$$\sum F_H = 0 \rightarrow V_1 - 6 = 0 \rightarrow V_1 = 6\,kN$$

$$\sum M_1 = 0 \rightarrow -6.x + M_1 = 0$$

$$M = 6.x$$

$$\sum F_V = 0 \rightarrow N_1 + 7 = -7\,kN\ (c)$$

Figura 10.138 - Trecho C-D

$S_2: 0 \leq x \leq 2$

$$\sum F_H = 0 \rightarrow N_2 + 6 = 0$$

$$N_2 = -6\,kN$$

$$\sum M_2 = 0 \rightarrow M_2 + 8.x = 0$$

$$M_2 = -8.x$$

$$\sum F_V = 0 \rightarrow -V_2 - 8 = 0$$

$$V_2 = -8\,kN$$

Figura 10.139 - Trecho D-E

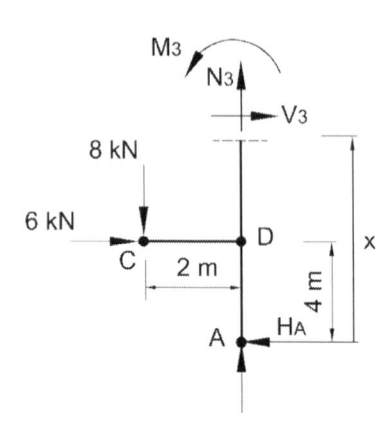

$S_3: 4 \leq x \leq 8$

$\sum F_H = 0 \rightarrow V_3 + 6 - 6 = 0$

$$V_3 = 0 \, kN$$

$\sum M_3 = 0$

$M_3 - 6.x + 6.(x-4) + 8.2 = 0$

$$M_3 = 8 \, kN$$

$\sum F_V = 0 \rightarrow 7 - 8 + N_3 = 0$

$$N_3 = 1 \, kN \, (t)$$

Figura 10.140 - Trecho B-F

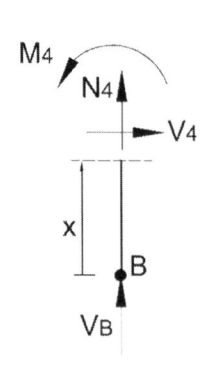

$S_4: 0 \leq x \leq 4$

$\sum F_H = 0 \rightarrow V_4 = 0 \, kN$

$\sum M_4 = 0 \rightarrow M_4 = 0 \, kN.m$

$\sum F_V = 0 \rightarrow N_4 + 1 = 0$

$$N_4 = -1 \, kN \, (c)$$

Figura 10.141 - Trecho F-E

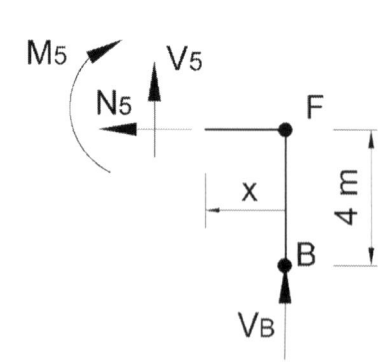

$S_5: 0 \leq x \leq 8$

$\sum F_H = 0 \rightarrow N_5 = 0 \, kN$

$\sum M_4 = 0 \rightarrow -M_5 + 1.x = 0$

$$M_5 = 1.x$$

$\sum F_V = 0 \rightarrow V_5 + 1 = 0$

$$V_5 = -1 \, kN$$

Figura 10.142 - Diagrama de Força Normal

N(kN)

Figura 10.143 - Diagrama de Força Cortante

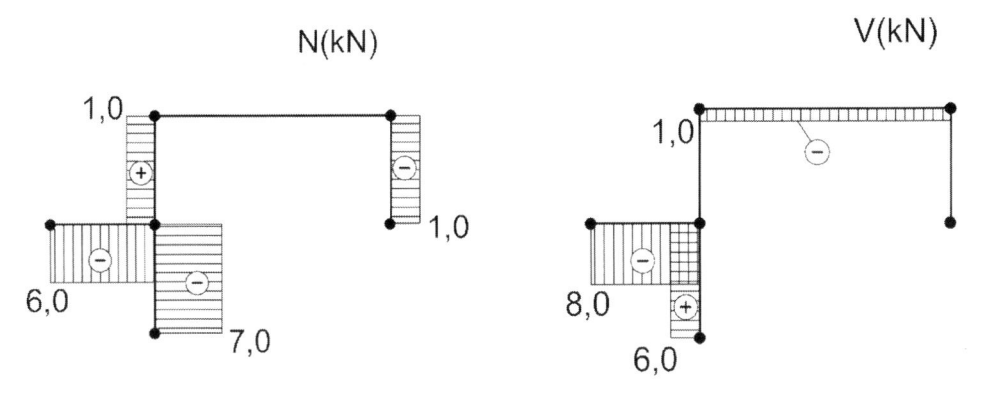

V(kN)

Figura 10.144 - Diagrama de Momento Fletor

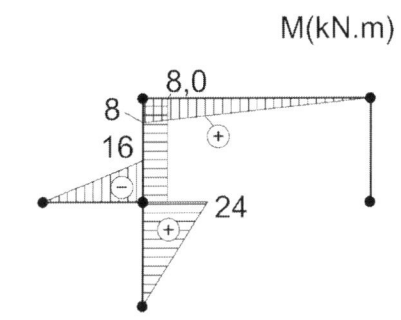

M(kN.m)

Comentários (referentes às questões 10.70, 10.71, 10.72)

Questão 10.70 (Petrobrás 2005)

(A) (F); *Analisando o esforço normal no trecho FB, têm-se N = -1 kN.*
(B) (F); *Analisando o esforço normal no trecho EF, têm-se N = 0 kN.*
(C) (F); *Analisando o esforço normal no trecho AD, têm-se N = -7 kN.*
(D) (F); *Analisando o esforço normal no trecho CD, têm-se N = -6 kN, mas esforço de compressão.*
(E) (V); *Analisando o esforço normal no trecho DE, têm-se N = 1 kN de tração, os demais trechos ou têm esforços normais de compressão ou nulos.*

Questão 10.71 (Petrobrás 2005)

No estudo dos esforços cortantes, é correto afirmar que:

(A) (F); *Analisando a cortante no trecho AE, têm-se V = 6 kN.*
(B) (F); *Analisando a cortante no trecho AD, têm-se V = 6 kN constante.*
(C) (F); *Analisando a cortante em cada trecho, têm-se:*
Trecho AD, V = 6 kN

Trecho BF, V = 0 kN
Trecho CD, V = -8 kN
Trecho FE, V = -1 kN
Trecho DE, V = 0 kN

Portanto a cortante máxima encontra-se no trecho CD.

(D) (V); *Conforme analisado anteriormente, nos trechos DE e BF a cortante é V=0 kN.*

(E) (F); *No trecho CD a cortante vale V = -8 kN, portanto não variável.*

Questão 10.72 (Petrobrás 2005)

Analisando o diagrama de momentos fletores, é correto afirmar que:

(A) (F); *No trecho CD, o momento varia de acordo com a seguinte equação, $M_2 = -8 \cdot x$.*

(B) (F); *No trecho AD, o momento varia de acordo com a seguinte equação, $M = 6 \cdot x$.*

(C) (F); *Conforme verificado acima, no trecho AD há variação de momento e no trecho DE o momento é constante, mas, como o trecho AE é composto pelos dois trechos, há variação de momento.*

(D) (V); *Conforme analisado, no trecho BF, o momento é M=0, portanto nulo.*

(E) (F); *Analisando os momentos em cada trecho o maior momento se encontra no trecho AD.*

Questão 10.73 (Petrobrás 2005)

De acordo com os conceitos de Resistência dos Materiais, é correto afirmar que:

(A) a tensão cisalhante é inversamente proporcional à força cujo suporte é coincidente com o plano da superfície.
(B) o baricentro é o ponto característico da superfície, sendo a passagem dos eixos para os quais os momentos estáticos valem uma unidade.
(C) o índice de esbeltez de uma coluna é a relação entre o raio mínimo de giração da seção transversal e o comprimento axial da coluna.
(D) o grau de hiperastaticidade de uma estrutura é definido pela diferença entre o excesso de reações e o número de equações de equilíbrio.
(E) no estudo das torções de peças com qualquer tipo de seção transversal, a Hipótese de Bernoulli deve ser considerada, ou seja, a seção reta permanece plana na torção da peça.

Resposta:

A alternativa correta é a letra (D).

Comentário:

(A) (F); *A tensão cisalhante é inversamente proporcional à tensão normal (flexão simples), ou seja, onde a tensão normal é máxima, o cisalhamento é zero, e onde o cisalhamento é máximo, a tensão normal é zero. Exemplificando por uma seção retangular homogênea, tem-se:*

Figura 10.145 – Diagramas de tensões

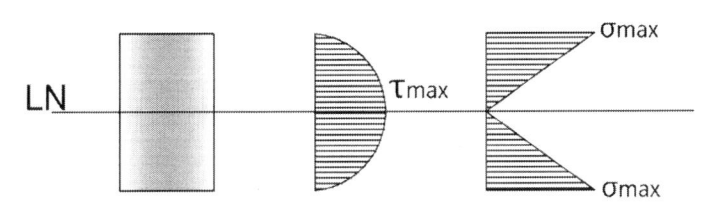

(B) (F); *O baricentro é o ponto característico da superfície, sendo a passagem dos eixos para os quais os momentos estáticos valem zero.*

(C) (F); *Conforme o Módulo 8 "Flambagem em Colunas e Projeto de Pilares", tem-se:*

Figura 10.146 – Comprimentos Efetivos de pilares

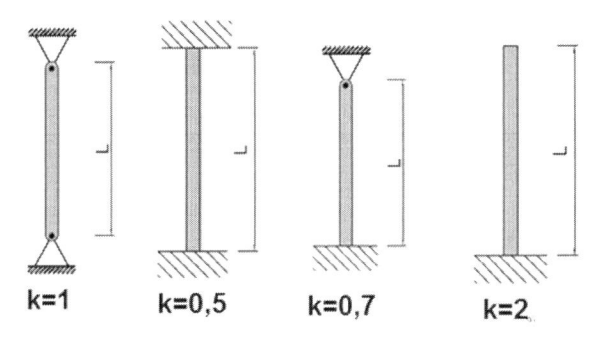

k=1   k=0,5   k=0,7   k=2

$$\lambda = \frac{L_{ef}}{r} \quad \rightarrow \quad \lambda = \frac{k \cdot L}{r}$$

(D) (V); *Conforme apresentado no Módulo 1 "Elementos de Análise Estrutural", chamamos grau de hiperestaticidade o número de incógnitas de esforços a determinar que excede o número de equações de equilíbrio.*
- Estruturas Isostáticas planas: Todos os esforços internos e externos podem ser determinados com a aplicação das equações de equilíbrio estático: $\Sigma Fx = 0$, $\Sigma Fy = 0$ e $\Sigma M = 0$.
- Estruturas Hiperestáticas planas: Quando não é possível a determinação de todos os esforços externos e internos apenas com a aplicação das equações de equilíbrio.
- Estruturas Hipostáticas planas: Quando o número de vínculos é insuficiente.

(E) (F); *A hipótese de Bernoulli é válida apenas para seções axissimétricas, portanto circulares; para as demais seções essa hipótese não é válida.*

10.2.2 PBH

Atuar na administração de uma capital é de grande prestígio profissional. A Prefeitura de Belo Horizonte (PBH) oferece concursos públicos para engenheiros civis com periodicidade quase anual. Dentre os principais concursos da PBH temos os seguintes: Superintendência de Desenvolvimento da Capital (SUDECAP), Companhia Urbanizadora e de Habitação de Belo Horizonte (URBEL) e Superintendência de Limpeza Urbana (SLU).

- Salário médio de **R$ 2.321,52 (dois mil e trezentos e vinte um reais e cinquenta e dois centavos);**
- Jornada de trabalho dos últimos concursos: 30 horas semanais;
- Forma de Contratação: CLT;
- A atuação do profissional é voltada para análise técnica, planejamento, supervisão e execução de obras no município.

10.2.2.1 Superintendência de Limpeza Urbana (SLU)
Concurso Público / Edital n. 01/2011

Questão 10.74 (PBH 2012)

A NBR-6118, *Projeto de Estruturas de Concreto – Procedimento*, estabelece as condições admitidas no dimensionamento de uma seção transversal de concreto armado submetida à flexão simples ou composta.

Considerando as hipóteses básicas desse procedimento descritas abaixo, assinale a alternativa **INCORRETA**.

(A) A resistência à tração do concreto é totalmente desprezada, sendo todo o esforço de tração resistido pelas armaduras.
(B) A aderência entre o concreto e a armadura é desprezada nas regiões tracionadas da seção transversal.
(C) A deformação na armadura mais tracionada não pode ultrapassar 1%.
(D) Uma seção transversal ao eixo do elemento estrutural indeformado, inicialmente plana e normal a esse eixo, permanece plana após as deformações do elemento.

Resposta:
A alternativa incorreta é a letra (B).

Comentário:
(A) (V); *Em função da resistência a tração do concreto ser muito baixa.*

(B) (F); *Conforme apresentado no Módulo 4 "Flexão e Projeto de Vigas", nos elementos de concreto armado admite-se a interação completa entre o concreto e o aço para que ocorra a integral transferência dos esforços e as compatibilidades de deformações.*

(C) (V); *Segundo a Figura 17.1 (Domínios de estado-limite último de uma seção transversal) do item 17.2.2 da norma NBR 6118:2014, a deformação máxima que o aço pode chegar é de 10‰, que é o mesmo de 1%.*

Figura 10.147 - Figura 171 NBR 6118:2014
(Domínios de estado-limite último de uma seção transversal)

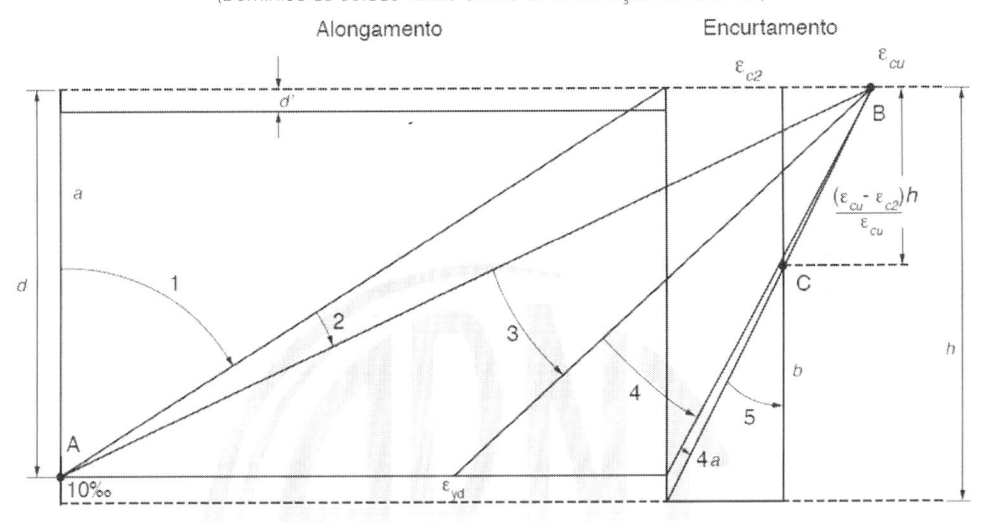

Fonte: ABNT, NBR 6118:2014

(D) (V); *Segundo o Módulo 4 "Flexão e Projeto de Vigas", as premissas de Bernoulli-Navier comprovam essa afirmação "Seções planas permanecem planas após a deformação."*

Questão 10.75 (PBH 2012)

Na figura abaixo está representado um sistema de forças no plano XY, sendo XYZ o triedro positivo.

Figura 10.148 - Questão 10.75

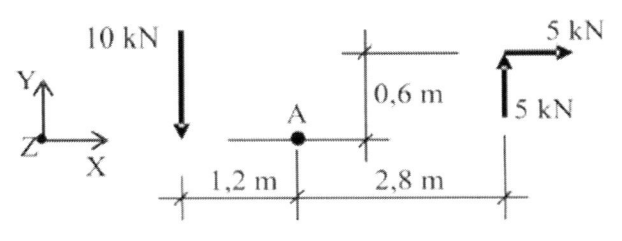

Fonte: PBH (2012)

Considere que esse sistema de forças pode ser reduzido a uma força resultante R e a um binário Mz aplicados no ponto A.

Figura 10.149 – Questão 10.75

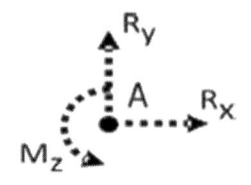

Fonte: PBH (2012)

Assinale a alternativa **CORRETA** que representa os valores das componentes Rx e Ry da força resultante R e do binário Mz.

(A) Rx = -5 kN; Ry = -10 kN; Mz = 29 kNm
(B) Rx = 5 kN; Ry = -5 kN; Mz = 26 kNm
(C) Rx = 5 kN; Ry = -5 kN; Mz = 23 kNm
(D) Rx = -5 kN; Ry = 5 kN; Mz = -26 kNm

Resposta:
A alternativa correta é a letra (C).

Comentário:
Deve-se utilizar o conceito de Momento de uma força para encontrar as reações correspondentes as componentes de R e do binário Mz. Conforme apresentado no Módulo 1 "Elementos de Análise Estrutural", o Momento de uma força é o produto da Força (F) aplicada a determinado ponto por um vetor posição (r) vezes o sen θ, em que (r) é distância de um ponto de referência até a linha de ação da força F e θ é o ângulo medido entre as origens de r e F, e a distância (d) perpendicular entre o ponto analisado e o plano da Força (F) é dado pelo produto do vetor (r) pelo sen θ. De uma forma simplificada, o Momento é o produto da força pela distância perpendicular (θ=90°) do ponto analisado até a o eixo da força aplicada.

Para encontrar os valores das resultantes e do binário Mz, utiliza-se as Equações Universais do Equilíbrio, conforme esquema abaixo.

$$\sum F_H = R_x \rightarrow R_x = 5\ kN$$

$$\sum F_V = R_y \rightarrow R_y = -10 + 5 \rightarrow R_y = -5\ kN$$

$$\sum M_z = 0 \rightarrow M_z = 10 \cdot 1{,}2 + 5 \cdot 2{,}8 - 5 \cdot 0{,}6 \rightarrow M_z = 23\ kN.m$$

Dessa forma, a alternativa correta é a alternativa de letra (C).

Questão 10.76 (PBH 2012)

Relativamente à análise estrutural de estruturas reticuladas, é **CORRETO** afirmar

(A) que os recalques de apoio e as variações de temperatura das barras induzem esforços solicitantes em estruturas isostáticas.
(B) que, na solução de um pórtico plano hiperestático usando o Método da Flexibilidade, não é possível considerar a deformação axial das barras.
(C) que, no Método dos Deslocamentos (Método das Deformações), são utilizadas as equações de compatibilidade de deslocamentos para obter as deformações sofridas pelos nós das diversas barras da estrutura.
(D) que o grau de indeterminação cinemática (número de graus de liberdade) de uma grelha não depende do número de cargas aplicadas nos elementos estruturais.

Resposta:
A alternativa correta é a letra (D).

Comentário:
(A) (F); *As cargas externas aplicadas às estruturas apenas induzem esforços solicitantes nelas.*
(B) (F); *Quado se utiliza o Método da flexibilidade, também conhecido como Método das forças, é utilizado também o Princípio do Trabalho Virtual (PTV), que considera deformações nas barras por cargas reais e virtuais, para solucionar problemas de estruturas hiperestáticas.*
(C) (F); *No Método dos Deslocamentos, as equações de compatibilidade são utilizadas para que sejam obtidas as cargas desconhecidas da estrutura, através de relações entre força e deslocamento.*
(D) (V); *Para calcular o grau de indeterminação cinemática de uma grelha, deve-se considerar as equações universais de equilíbrio, assim o grau de liberdade da estrutura não depende das cargas aplicadas na mesma.*

Questão 10.77 (PBH 2012)

A seção transversal está submetida a uma força de compressão de 480 kN conforme indicado na figura.

Considerando a distribuição de tensões normais devida a essa solicitação, é **CORRETO** afirmar que a tensão normal no ponto **A** é de

(A) compressão, com valor igual a 2 kN/cm².
(B) compressão, com valor igual a 6 kN/cm².
(C) tração, com valor igual a 2 kN/cm².
(D) tração, com valor igual a 4 kN/cm².

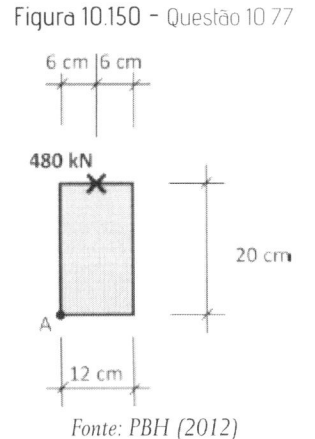

Figura 10.150 - Questão 10.77

Fonte: PBH (2012)

Resposta:

A alternativa correta é a letra (D).

Comentário:

Segundo o Módulo 4 "Flexão e Projeto de Vigas", calcula-se a flexão causada por uma força excêntrica utilizando a seguinte equação para o cálculo:

$$\sigma_x = \pm \frac{P}{A} \pm \frac{M_y \cdot z}{I_y} \pm \frac{M_z \cdot y}{I_z}$$

Figura 10.151 - Questão 10.77

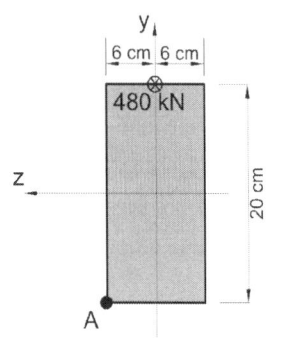

Neste caso só apresentou excentricidade em relação ao eixo z, então calcula-se o momento:

$$M_z = P \cdot e_y \rightarrow M_z = 480 \cdot 10 \rightarrow M_z = 4800 \, kN.cm$$

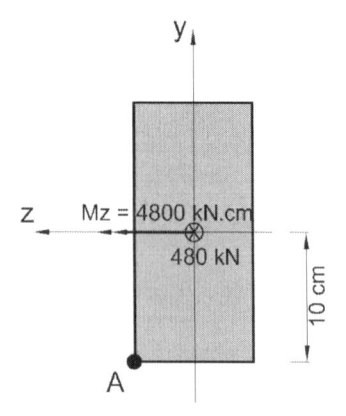

Segundo o Módulo 1 "Elementos de Análise Estrutural", o cálculo do momento de inércia para o eixo z é:

Figura 10.152 - Questão 10.77

$$I_z = \frac{b \cdot h^3}{12} \rightarrow I_z = \frac{12 \cdot 20^3}{12} \rightarrow I_z = 8000 \, cm^4$$

Então o cálculo da tensão em A é:

$$\sigma_{x_1}^{(A)} = -\frac{P}{A}$$

$$\sigma_{x_2}^{(A)} = \frac{M_z \cdot y}{I_z}$$

$$\sigma_{x_{total}}^{(A)} = \sigma_{x_1}^{(A)} + \sigma_{x_2}^{(A)} \rightarrow \sigma_{x_{total}}^{(A)} = -\frac{480}{12 \cdot 20} + \frac{4800 \cdot 10}{8000}$$

$$\sigma_{x_{total}}^{(A)} = 4 \, kN/cm^2$$

Assim a alternativa correta é a alternativa de letra (D).

Questão 10.78 (PBH 2012)

A viga isostática mostrada na figura está submetida a uma carga uniformemente distribuída de 10 kN/m e a uma carga concentrada de 90 kN

Figura 10.153 - Questão 10.78

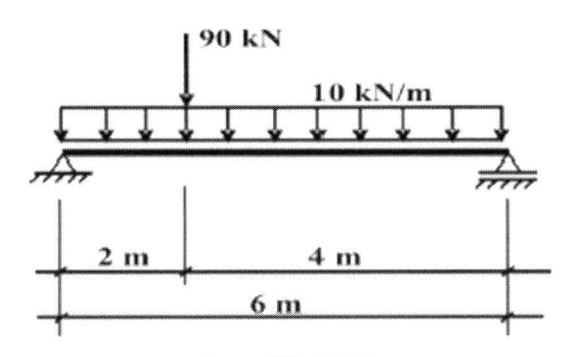

Fonte: PBH (2012)

Pode-se afirmar que o momento fletor máximo nessa estrutura é

(A) 112,5 kNm.
(B) 120 kNm.
(C) 160 kNm.
(D) 165 kNm.

Resposta:

A alternativa correta é a letra (C).

Comentário:

Inicialmente deve-se calcular as reações de apoio da estrutura. Para isso, deve ser feito o diagrama de corpo livre e utilizar as equações de equilíbrio da estática, conforme esquema a seguir:

Figura 10.154 - Diagrama de Corpo Livre

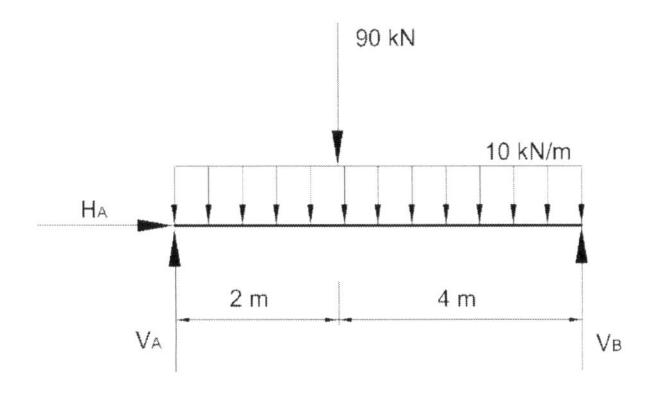

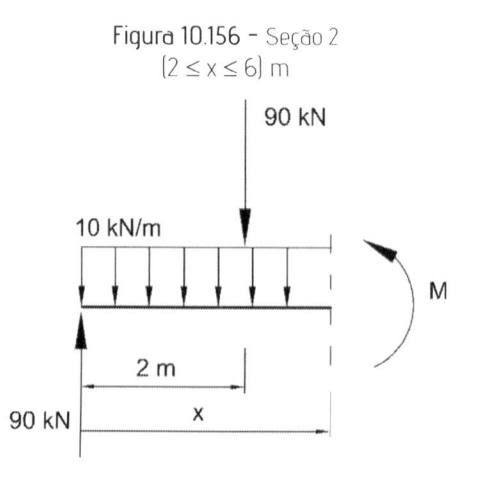

A estrutura está submetida a uma carga concentrada de 90 kN e uma carga distribuída retangular, na qual o valor total da carga distribuída é o produto da carga pelo comprimento onde a mesma é aplicada. Assim, usam-se as equações de equilíbrio para determinar as reações de apoio:

$$\sum F_H = 0 \rightarrow H_A = 0$$

$$\sum M_A = 0 \rightarrow -90 \cdot 2 - 10 \cdot 6 \cdot 3 + V_B \cdot 6 = 0 \rightarrow V_B = 60 kN$$

$$\sum F_V = 0 \rightarrow -10 \cdot 6 - 90 + 60 + V_A = 0 \rightarrow V_A = 90 kN$$

Após calculadas as reações de apoio, é utilizado o método das seções para determinar as equações de momento e dessa forma achar o momento máximo na viga.

Figura 10.155 - Seção 1
$(0 \leq x \leq 2)$ m

$$M = 90 \cdot x - 10 \cdot x \cdot \frac{x}{2}$$

$$M = 90 \cdot x - 5 \cdot x^2$$

P/ x = 0 m → M = 0 kN.m

P/ x = 2 m → M = 160 kN.m

Figura 10.156 - Seção 2
$(2 \leq x \leq 6)$ m

$$M = 90 \cdot x - 10 \cdot x \cdot \frac{x}{2} - 90 \cdot (x - 2)$$

$$M = 90 \cdot x - 5 \cdot x^2 - 90 \cdot x + 180$$

$$M = -5 \cdot x^2 + 180$$

P/ x = 2 m → M = 160 kN.m

P/ x = 6 m → M = 0 kN.m

Após calcular as funções de momento, é possível traçar o diagrama de momento fletor e definir o momento máximo, conforme esquema a seguir.

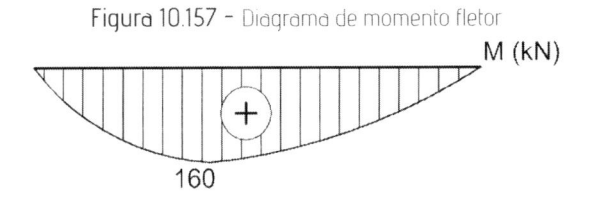

Figura 10.157 - Diagrama de momento fletor

160

Assim a resposta correspondente ao momento máximo é a alternativa de letra (C).

10.2.2.2 Engenheiro, Arquiteto e Geógrafo
Engenheiro / Civil
Concurso Público / Edital n. 06/2011

Questão 10.79 (PBH 2012)

A viga Vierendeel é uma viga de alma vazada que pode ser assimilada a uma treliça da qual se subtraíram as diagonais.

Em relação ao comportamento desse tipo de viga, é **INCORRETO** afirmar

(A) que os retângulos formados pelos banzos e montantes, por terem nós articulados, tornam-se instáveis e tendem a se transformar em losangos.
(B) que, para existir uma viga Vierendeel, é necessário que as barras que a formam sejam rigidamente ligadas entre si.
(C) que a viga Vierendeel é usada em situações em que se necessita de grandes aberturas em almas de vigas.
(D) que, de modo geral, as vigas Vierendeel podem ser usadas em vigas de grande altura que precisam ser vazadas, por questões funcionais, estéticas ou até mesmo para diminuir seu peso próprio.

Resposta:
A alternativa incorreta é a letra (A).

Comentário:
As vigas Vierendel são vigas compostas de barras resistentes na forma de quadros, unidas entre si por meio de ligações rígidas, que devem resistir as forças normais e cortantes e também aos momentos fletores. Dessa forma, a letra (A) não se adapta ao comportamento desse tipo de viga, pois a Viga Vierendel não possui nós articulados, mas sim rígidos.

Figura 10.158 – Viga Vierendell

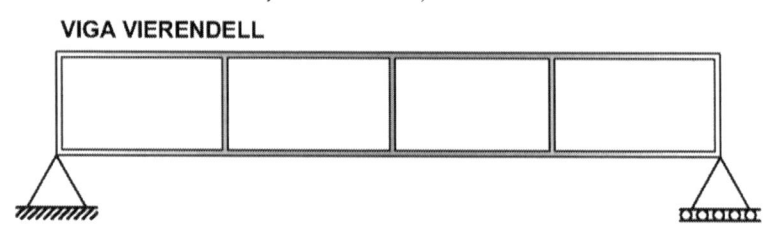

VIGA VIERENDELL

Questão 10.80 (PBH 2012)

Ao analisar estruturas formadas por cabos, é aceito geralmente que o cabo é flexível e não resiste a momentos fletores.

As seguintes afirmativas concernentes ao comportamento dos cabos estão corretas, **EXCETO:**

(A) os cabos são elementos constituídos por um conjunto de fios de pequeno diâmetro, que são agrupados paralelamente ou com fios trançados.
(B) os cabos são as principais peças portantes nas pontes pênseis e nos teleféricos.
(C) os cabos submetidos a uma carga uniformemente distribuída ao longo de seu comprimento assumirão uma configuração deformada dada por um arco de circunferência.
(D) o estudo estático dos cabos é feito assumindo-os perfeitamente flexíveis, isto é, tendo momento fletor nulo em todas as seções.

Resposta:
A alternativa incorreta é a letra (C).

Comentário:

(A) (V); *Os cabos são importantes elementos estruturais com a função de resistir à tração, muito utilizados em pontes, em elementos protendidos e muitos outros. Podem se constituir de um único fio ou por um conjunto de fios.*

(B) (V); *O cabo principal da ponte pênsil é o responsável em absorver as cargas derivadas dos cabos secundários e do tabuleiro da ponte, levando as cargas para os pilares principais. No Brasil tem-se um importante teleférico sustentado por cabos, o bondinho do Pão de Açúcar.*

(C) (F); *Os cabos em questão assumirão uma configuração deformada dada por uma parábola do 2º grau.*

(D) (V); *Os cabos têm como características ter esforços solicitantes apenas de tração. O momento fletor é nulo em todas as seções.*

10.2.3 ANAC

Agência Nacional de Aviação Civil (ANAC) é uma agência regulamentadora cuja função é supervisionar as atividades voltadas para a aviação civil. O cargo de engenheiro civil é fundamental para a administração e o planejamento na área de infraestrutura.

- O salário médio oferecido pela empresa é de **R$10.019,20 (dez mil e dezenove reais e vinte centavos)**;
- Jornada de trabalho dos últimos concursos: 40 horas semanais;
- Forma de Contratação: Estatutário;
- Cargo: Especialistas em Regulação de Aviação Civil.

Questão 10.81 (ANAC 2007)

A coluna bi-articulada de madeira da figura está submetida a uma carga concentrada P perfeitamente centrada. A seção transversal desta coluna é retangular com dimensões 40mm x 60mm. O módulo de elasticidade do material é igual a E=12 GPa.

A carga P crítica de Euler que pode provocar a flambagem desta coluna está entre os seguintes valores:

(A) 2,0 a 3,0 kN
(B) 3,1 a 4,0 kN
(C) 4,1 a 5,1 kN
(D) 5,1 a 6,0 kN
(E) 6,1 a 7,0 kN

Figura 10.159 - Questão 10.81

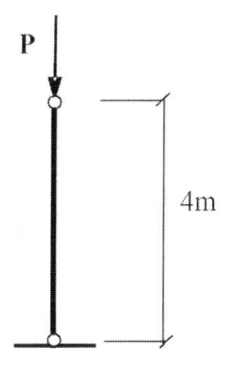

Fonte: ANAC (2007)

Resposta:

A alternativa correta é a letra (A).

Comentário:

Conforme apresentado no Módulo 8 "Flambagem em Colunas e Projetos de Pilares" flambagem é o fenômeno que acontece quando a peça sofre flexão transversalmente devido à compressão axial.

A carga P crítica é a carga que faz com que a peça comece a flambar. O P crítico é expresso pela fórmula:

$$Pcr = \frac{\pi^2 \cdot E \cdot I}{L_f^2}$$

L_f correspondente ao comprimento de flambagem. Ele é expresso pelo comprimento da peça vezes um coeficiente de flambagem que é obtido analisando a coluna. Neste caso a coluna é bi-articulada, possuindo então o coeficiente de flambagem igual a 1. Logo:

$$L_f = k \cdot L \rightarrow L_f = 1 \cdot 4 \rightarrow L_f = 4\,m$$

O L_f (comprimento de flambagem) é de 4 m. Para o cálculo do Pcr, deve-se fazer o momento de inércia para duas direções:

Figura 10.160 - Questão 10.81

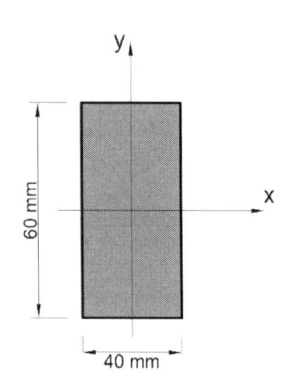

$$I_x = \frac{b \cdot h^3}{12} \rightarrow I_x = \frac{40 \cdot 60^3}{12}$$

$$I_x = 7{,}2 \cdot 10^5\,mm^4 \rightarrow I_x = 7{,}2 \cdot 10^{-7}\,m^4$$

$$I_y = \frac{h \cdot b^3}{12} \rightarrow I_y = \frac{60 \cdot 40^3}{12}$$

$$I_x = 3{,}2 \cdot 10^5\,mm^4 \rightarrow I_x = 3{,}2 \cdot 10^{-7}\,m^4$$

Com as inercias, determina-se qual será o menor Pcr:

$$Pcr_{(x)} = \frac{\pi^2 \cdot E \cdot I_x}{L_f^2} \qquad Pcr_{(y)} = \frac{\pi^2 \cdot E \cdot I_y}{L_f^2}$$

$$Pcr_{(x)} = \frac{\pi^2 \cdot 12 \cdot 10^9 \cdot 7{,}2 \cdot 10^{-7}}{4^2} \qquad Pcr_{(y)} = \frac{\pi^2 \cdot 12 \cdot 10^9 \cdot 3{,}2 \cdot 10^{-7}}{4^2}$$

$$Pcr_{(x)} = 5329{,}59\,N \rightarrow Pcr_{(x)} = 5{,}3\,kN \qquad Pcr_{(y)} = 2368{,}7\,N \rightarrow Pcr_{(y)} = 2{,}4\,kN$$

Assim uma carga de Pcr = 2,4 kN provocaria a flambagem desta coluna, e esta carga está situada entre os valores da alternativa de letra (A).

Questão 10.82 (ANAC 2007)

Um bloco de fundação de concreto de base quadrada (4m x 4m) tem 2m de altura. Este bloco está submetido a um carregamento uniformemente distribuído de 40 kN/m² atuando em uma área quadrada (2m x 2m), conforme mostrado na figura:

Figura 10.161 - Questão 10.82

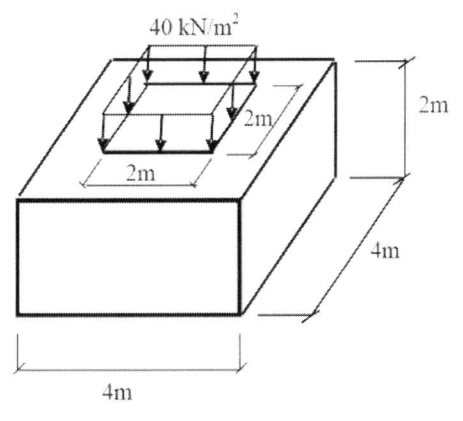

Fonte: ANAC (2007)

Desprezando o peso próprio do bloco e considerando que ele está apoiado no terreno, a pressão atuante na base, supostamente uniformemente distribuída, vale:

(A) 10kN/m²
(B) 20kN/m²
(C) 30kN/m²
(D) 40kN/m²
(E) 50kN/m²

Resposta:
A alternativa correta é a letra (A).

Comentário:
Conforme apresentado no Módulo 2 "Tensão e Deformação em Elementos Lineares; Lei de Hooke", o bloco apresentado na figura está submetido a um carregamento uniformemente distribuído que pode ser concentrado para efeito de cálculos:

$$\sigma = \frac{F}{A} \rightarrow F = \sigma \cdot A$$

$$F = 40\frac{kN}{m^2} \cdot 4m^2 \rightarrow F = 160\ kN$$

Essa carga concentrada provocará uma tensão no bloco.

$$\sigma = \frac{F}{A} \rightarrow \sigma = \frac{160\,kN}{16\,m^2} \rightarrow \sigma = 10\ kN/m^2$$

Assim, a alternativa que corresponde à pressão atuante na base de acordo com o cálculo é a alternativa de letra (A).

Questão 10.83 (ANAC 2007)

O cubo de aço da figura tem 50 mm de lado e está submetido a uma pressão uniforme de 200 MPa agindo em todas suas faces. O módulo de elasticidade do aço é igual a 200 GPa e o coeficiente de Poisson vale 0,25.

A deformação específica nas faces do cubo vale:

(A) 5×10^{-4}
(B) 10×10^{-4}
(C) 15×10^{-4}
(D) 20×10^{-4}
(E) 25×10^{-4}

Figura 10.162 - Questão 10.83

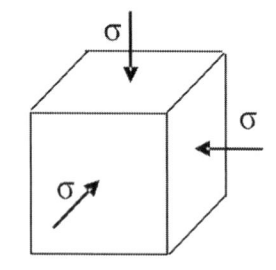

Fonte: ANAC (2007)

Resposta:

A alternativa correta é a letra (A).

Comentário:

Conforme apresentado no Módulo 2 "Tensão e Deformação em Elementos Lineares; Lei de Hooke", no cubo de aço há tensões atuantes nas direções dos três eixos coordenados. Como as tensões são uniformes em todas as direções tem-se que as deformações que ocorrem na face são as mesmas.

Dessa forma pode-se escrever,

$$\varepsilon = \frac{1}{E} \cdot [\sigma - \nu \, (\sigma + \sigma)]$$

$$\varepsilon = \frac{1}{200 \cdot 10^3} \cdot [200 - 0,25 \, (200 + 200)]$$

$$\varepsilon = 5 \cdot 10^{-4}$$

Então a alternativa correta é a alternativa de letra (A).

Questão 10.84 (ANAC 2007)

A figura mostra uma viga simplesmente apoiada submetida a uma carga concentrada P, sendo que a seção transversal desta viga é retangular.

Figura 10.163 - Questão 10.84

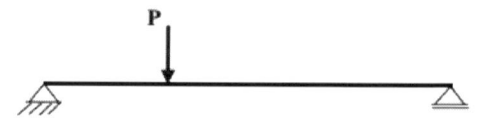

Fonte: ANAC (2007)

Pode-se afirmar que a tensão máxima de cisalhamento atuante nesta viga:

(A) depende do módulo de elasticidade do material.
(B) é diretamente proporcional ao momento de inércia da seção transversal.
(C) ocorre nos bordos inferior e superior da viga.
(D) ocorre na linha neutra da seção transversal da viga.
(E) não depende do esforço cortante nem das dimensões da seção transversal.

Resposta:
A alternativa correta é a letra (D)

Comentário:
Conforme o Módulo 5 "Cisalhamento em Elementos Lineares", a tensão de cisalhamento distribui-se uniformemente sobre a largura da seção em que ela é determinada. Quando a seção transversal da viga é retangular, a distribuição real da tensão de cisalhamento ao longo do eixo neutro variará de acordo com a figura a seguir.

Figura 10.164 – Tensão de cisalhamento máxima

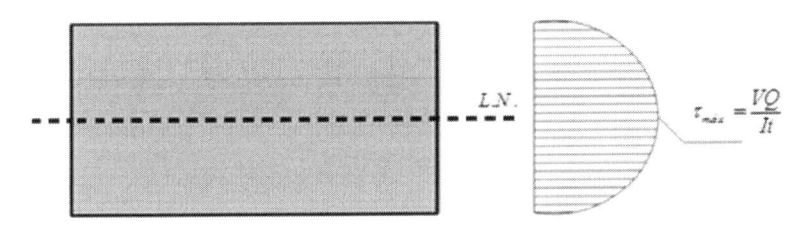

$$\tau_{max} = \frac{VQ}{It}$$

Dessa forma a tensão máxima de cisalhamento ocorre na linha neutra da seção transversal. Portanto a alternativa correta é a letra (D).

Questão 10.85 (ANAC 2007)

A barra prismática da figura está submetida a uma força axial de tração.

Figura 10.165 – Questão 10.85

Fonte: ANAC (2007)

Considerando que a área da seção transversal desta barra é igual a A, a tensão normal na seção S inclinada de 60° vale:

(A) P/2A
(B) P/2A
(C) 3P/4A
(D) 4P/3A
(E) 5P/3A

Resposta:

A alternativa correta é a letra (C).

Comentário:

Na barra prismática da figura acima é aplicada uma força axial de tração. Conforme apresentado no Módulo 2 "Tensão e Deformação em Elementos Lineares; Lei de Hooke", ao se cortar a barra por um plano formando um ângulo de 30° com o plano normal, verifica-se que a força P é equivalente a decomposição dessa força em duas componentes F, força normal à seção, e V, força tangencial à seção.

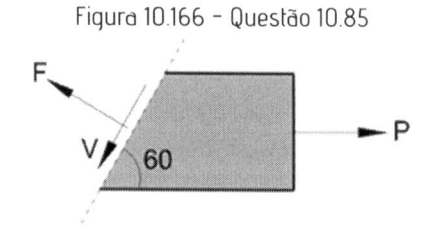

Figura 10.166 - Questão 10.85

Dessa forma tem-se,

A tensão normal correspondente é obtida dividindo-se F, pela área A_θ da seção.

$$\sigma = \frac{F}{A_\theta} \rightarrow \sigma = \frac{P \cdot \cos 30°}{A/\cos 30°} \rightarrow \sigma = \frac{P \cdot (\cos 30)^2}{A} \rightarrow \sigma = \frac{P}{A} \cdot \left(\frac{\sqrt{3}}{2}\right)^2 \rightarrow \sigma = \frac{3 \cdot P}{4 \cdot A}$$

A alternativa que corresponde a tensão na seção S inclinada é a alternativa de letra (C).

10.2.4 INFRAERO
Engenheiro Civil Estruturas/Edificações

A Empresa Brasileira de Infraestrutura Aeroportuária (Infraero) é uma empresa pública federal responsável pela administração dos aeroportos do país. A mesma está vinculada a Secretaria de Aviação Civil. A Infraero administra desde os maiores aeroportos do Brasil até alguns tão pequenos que ainda não recebem voos comerciais regulares.

- Salário médio de **R$ 4.839,19 (quatro mil e oitocentos e trinta e nove reais e dezenove centavos)**;
- Jornada de trabalho dos últimos concursos: 40 horas semanais
- Forma de Contratação: CLT;
- O profissional atua nas áreas de estruturas, hidrossanitário, predial, orçamentação e pavimentação.

Questão 10.86 (INFRAERO 2011)

De acordo com os valores característicos de resistência dos materiais utilizados nas estruturas de alvenaria, os elementos que devem ser considerados para o cálculo de estabilidade das seções do concreto armado são:

(A) concreto (Fck) e aço de torção.
(B) concreto (Fck) e aço à compressão.
(C) concreto protendido e aço à tração (Fy).
(D) concreto (Fck) e aço à tração (Fy).
(E) concreto protendido e aço à compressão.

Resposta:
A alternativa correta é a letra (D).

Comentário:
Conforme apresentado no Módulo 4 "Flexão e Projeto de Vigas", concreto armado é a estrutura de concreto que possui em seu interior armações feitas com barras de aço. Estas armações são necessárias para atender à deficiência do concreto em resistir a esforços de tração, pois ele resiste bem à compressão.

Para efeito de cálculo considera-se para o concreto o Fck, Resistência Característica do Concreto à Compressão, e para o aço o Fy, resistência ao escoamento.

Questão 10.87 (INFRAERO 2011)

Considerando-se uma barra prismática, com área de seção transversal A, comprimento L e carga axial constante N, é INCORRETO afirmar que a energia de deformação elástica nela armazenada

(A) aumentará, se a área da seção transversal A diminuir.
(B) aumentará, se o comprimento da barra L aumentar.
(C) aumentará, se o módulo de elasticidade E diminuir.

(D) diminuirá, se a área da seção transversal A aumentar.

(E) variará linearmente com a variação da carga axial constante N, nela aplicada.

Resposta:

A alternativa incorreta é a letra (E).

Comentário:

Conforme apresentado no Módulo 2 "Tensão e Deformação em Elementos Lineares; Lei de Hooke", tem-se:

$\varepsilon = \dfrac{\delta}{Li}$ e $\delta = \dfrac{N \cdot L}{E \cdot A}$, por meio das equações, nota-se que a deformação é proporcional à variação do comprimento, esta é proporcional a aplicação da carga e ao comprimento inicial da barra e é inversamente proporcional ao Modulo de Elasticidade e a área da seção. Logo as alternativas A, B, C e D estão corretas.

Questão 10.88 (INFRAERO 2011)

Considerando-se os dados apresentados na figura abaixo, calcule o valor da pressão exercida sobre o terreno que apoia um bloco de concreto.

Figura 10.167 - Questão 10.88

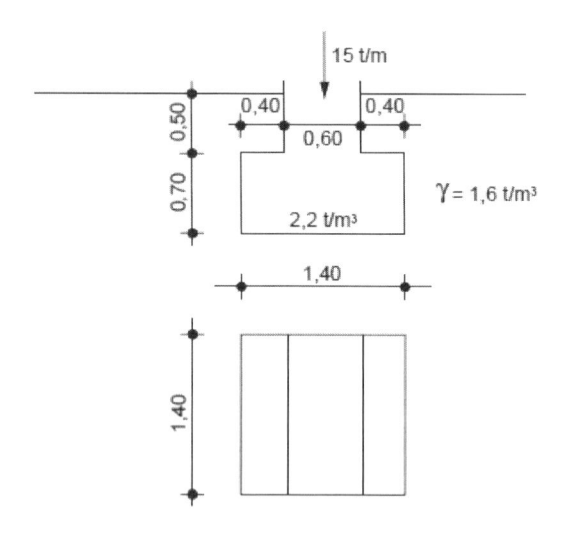

Fonte: INFRAERO (2011)

O valor correto da pressão é igual a:

(A) 1,3 kg/cm².
(B) 4.900 kg/cm².
(C) 13 kg/cm².
(D) 130 kg/cm².
(E) 1.300 kg/cm².

Resposta:

A alternativa correta é a letra (A).

Comentário:

Conforme apresentado no Módulo 2 "Tensão e Deformação em Elementos Lineares; Lei de Hooke", tem-se, $\sigma = \dfrac{F}{A}$.

Primeiramente calcula-se o peso do bloco, o peso do solo que está entre a linha do terreno e o solo, e o peso exercido pela carga distribuída.

- Peso do bloco:

Para o pescoço tem-se:

$$P = V \cdot \gamma_c \therefore P = 0{,}6m \cdot 1{,}4m \cdot 0{,}5m \cdot 2{,}2 \dfrac{t}{m^3} \to P = 0{,}924t$$

Para a base tem-se:

$$P = V \cdot \gamma_c \therefore P = 0{,}7m \cdot 1{,}4m \cdot 1{,}4m \cdot 2{,}2 \dfrac{t}{m^3} \to P = 3{,}0184t$$

- Peso da camada de solo:

$$P = V \cdot \gamma_s \therefore P = 2 \cdot 0{,}4m \cdot 0{,}5m \cdot 1{,}4m \cdot 1{,}6 \dfrac{t}{m^3} \to P = 0{,}896t$$

- Peso exercido pela carga distribuída:

$$P = F \cdot D \therefore P = 15 \dfrac{t}{m} \cdot 1{,}4m \to P = 21t$$

O peso total exercido sobre o solo é igual a 25,8384 t.

Logo a pressão exercida sobre o solo equivale a:

$$\sigma = \dfrac{F}{A} \to \sigma = \dfrac{25{,}8384t}{1{,}4m \cdot 1{,}4m} \to \sigma = 13{,}18 \dfrac{t}{m^2} \to \sigma = 1{,}3 \dfrac{kg}{cm^2}$$

Questão 10.89 (INFRAERO 2011)

Uma viga GERBER está corretamente representada em:

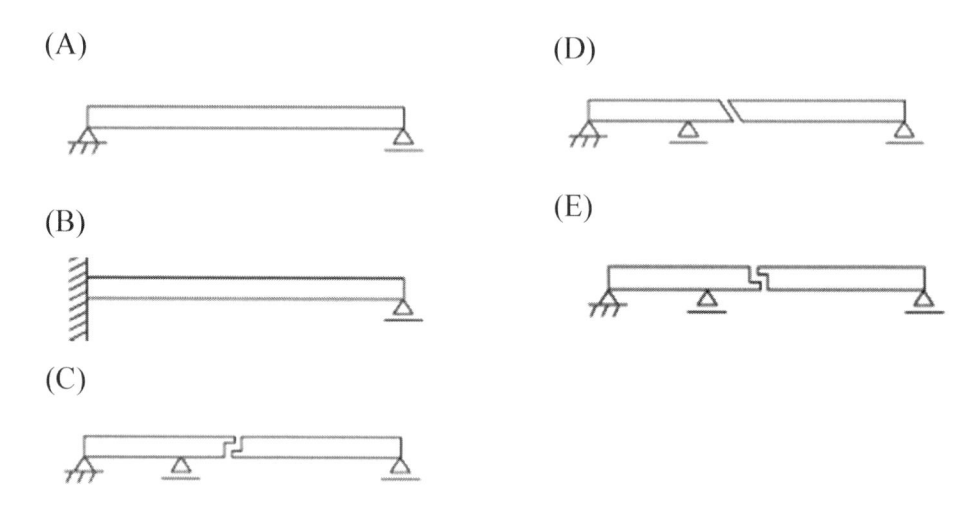

(A)

(B)

(C)

(D)

(E)

Resposta:
A alternativa correta é a letra (E).

Comentário:
As vigas GERBER são formadas pela associação de vigas simples, ligadas entre si por articulações. As vigas com estabilidade própria servem de apoio para aquelas que sozinhas não são estáveis, ou seja, precisam se apoiar em outra viga para se tornarem estáveis. Dessa forma a única representação correta de uma Viga GERBER encontra-se na letra (E), em que se observa uma viga biapoiada na qual uma outra viga instável é apoiada.

Questão 10.90 (INFRAERO 2011)

Nos ensaios de tração do aço, com corpos de prova sem tensões residuais, os aços carbono apresentam diagrama Tensão (σ) x Deformação (ε), onde é possível distinguir três fases: elástica, plástica e de encruamento. A respeito da fase elástica, está correto afirmar que

(A) as tensões não são proporcionais às deformações.
(B) à relação σ/ε dá-se o nome de módulo de elasticidade (E).
(C) ocorrem deformações sem variação de tensão.

(D) ocorre um valor constante para a deformação.
(E) não ocorrem deformações com a variação de tensão.

Resposta:

A alternativa correta é a letra (B).

Comentário:

Conforme apresentado no Módulo 2 "Tensão e Deformação em Elementos Lineares; Lei de Hooke", o diagrama tensão-deformação exibe uma relação linear entre tensão e a deformação dentro da região elástica. O módulo de elasticidade é dado pela expressão matemática $E = \dfrac{\sigma}{\varepsilon}$, que representa a inclinação da reta.

10.2.5 TRT
Tribunal Regional Federal da 4ª região

O Tribunal Regional do Trabalho (TRT) faz parte da Justiça do Trabalho em conjunto com as Varas do Trabalho e com o Tribunal Superior do Trabalho. O TRT tem por função julgar as ações trabalhistas, ou seja, julgar conflitos jurídicos que envolvam empregados e empregadores. Geralmente, em período regular, a TRT abre inscrições para concursos públicos.

- Salário médio de **R$ 7.566,42 (sete mil e quinhentos e sessenta e seis reais e quarenta e dois centavos);**
- Jornada de trabalho dos últimos concursos: 40 horas semanais;
- Forma de Contratação: CLT;
- O profissional atua como Analista Judiciário.

Questão 10.91 (TRT 2012)

Pressão é a grandeza física que mede a força que se exerce por unidade de área. No Sistema Internacional, a pressão deve ser expressa em

(A) psi.
(B) m.c.a.
(C) bar.
(D) Pa.
(E) atm.

Resposta:

A alternativa correta é a letra (D).

Comentário:

Conforme apresentado no Módulo 2 "Tensão e Deformação em Elementos Lineares; Lei de Hooke", tem-se:

$\sigma = \dfrac{F}{A}$, no sistema internacional tem-se força em Newtons (N) e área em metros quadrados (m²).

Se $\sigma = \dfrac{N}{m^2}$, essa unidade é conhecida como Pascal, pressão exercida por uma força de um Newton, uniformemente distribuída sobre uma superfície plana de um metro quadrado de área, $\sigma = \dfrac{N}{m^2} = Pa$.

Questão 10.92 (TRT 2012)

Considere a viga engastada representada na figura a seguir:

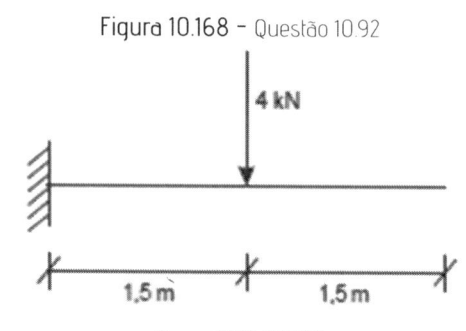

Figura 10.168 - Questão 10.92

Fonte: TRT (2012)

Com um balanço de 3,0 m e uma carga concentrada no meio da viga de valor igual a 4 kN, o esforço cortante (Q), em kN, e o momento fletor (M), em kN.m no engaste, correspondem, respectivamente, a

(A) Q 0,0 e M 6,0.
(B) Q 12,0 e M 4,0.
(C) Q 2,0 e M 12,0.
(D) Q 4,0 e M 12,0.
(E) Q 4,0 e M 6,0.

Resposta:

A alternativa correta é a letra (E).

Comentário:

A princípio, deve ser feito o diagrama de corpo livre da estrutura. Como a viga está engastada com um balanço, no engaste ela possui três restrições ao deslocamento, um horizontal, outro vertical e um ao giro, conforme mostrado na figura a seguir.

Figura 10.169 - Diagrama de corpo livre

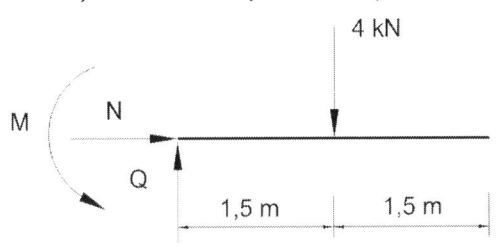

Utilizando as Equações Universais do Equilíbrio é possível determinar as reações de apoio da estrutura, conforme esquema abaixo.

$$\sum F_H = 0 \to N = 0$$

$$\sum F_V = 0 \to Q - 4 = 0 \to Q = 4\,kN$$

$$\sum M = 0 \to M - 4 \cdot 1,5 = 0 \to M = 6\,kN \cdot m$$

Desta forma, a alternativa que representa o módulo do valor da cortante e do momento no engaste é a alternativa de letra (E).

Questão 10.93 (TRT 2012)

A resistência à ruptura, medida em ensaios cujo esforço máximo é inferior ao esforço de ruptura estática, e que é importante no dimensionamento de elementos que sofrem ações dinâmicas, principalmente ações que atuam em ciclos alternados, é denominada

(A) fragilidade.
(B) ductilidade.
(C) tenacidade.
(D) fadiga.
(E) dureza.

Resposta:
A alternativa correta é a letra (D).

Comentário:

Conforme apresentado no Módulo 2 "Tensão e Deformação em Elementos Lineares; Lei de Hooke", se em um corpo de prova atuar uma tensão que não exceda o limite elástico desse material, ele retornará a sua condição inicial quando a carga for removida. Mas isso não ocorrerá quando a carga é repetida milhares ou milhões de vezes. Nestes casos, ocorrerá a ruptura a uma tensão muito menor do que a tensão de ruptura estática. Esse fenômeno é conhecido como fadiga.

A fadiga deve ser levada em conta no projeto de todos os componentes estruturais submetidos a cargas repetidas, considerando o número de ciclos que se pode esperar durante a vida útil de determinado componente.

10.2.6 METROREC
Engenheiro Civil Calculista

METROREC, autarquia responsável pelos metrôs de Recife, é operada pela Companhia Brasileira de Trens Urbanos (CBTU). Geralmente, em período regular, a CBTU abre concursos públicos para engenheiros.

- Salário médio de **R$ 5. 393,72 (cinco mil e trezentos e noventa e três reais e setenta e dois centavos);**
- Jornada de trabalho dos últimos concursos: 44 horas semanais;
- Forma de Contratação: CLT;
- O profissional atua na elaboração, desenvolvimento e coordenação de projetos de estrutura em concreto armado e metálico, além de outras funções da competência técnica de Engenharia Civil.

Questão 10.94 (METROREC 2005)

Uma viga de aço é composta por um perfil de aço, cujas características geométricas de sua seção permitem que o momento de plastificação total da seção seja atingido. Esse momento é determinado multiplicando-se a força resultante de compressão (ou de tração) por uma distância x. Assinale a alternativa que representa a distância x.

(A) x é a distância entre a fibra mais tracionada e o centroide da seção.
(B) x é a distância entre os centróides das áreas comprimida e tracionada.
(C) x é a distância entre a fibra mais comprimida e o centroide da seção.
(D) x é a metade da altura da seção.
(E) x é a maior distância entre o centróide da seção e as fibras extremas.

Resposta:
A alternativa correta é a letra (B).

Comentário:

Momento de plastificação é o momento cuja deformação plástica é total. É definido pelo binário produzido pela resultante das tensões de compressão e de tração.

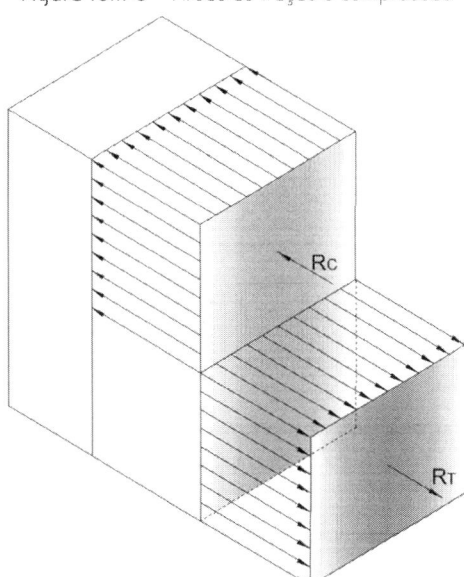

Figura 10.170 - Áreas de tração e compressão

A distância x está entre a distância da resultante de compressão R_C e a resultante de tração R_T, como na figura abaixo.

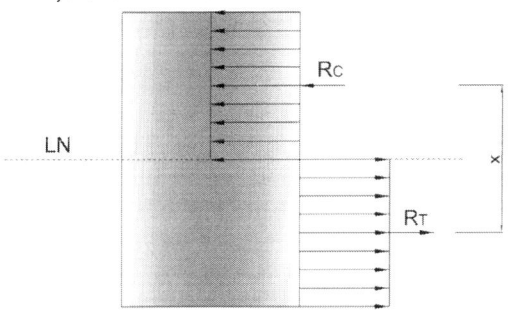

Figura 10.171 - Distância entre as resultantes

Portanto, a alternativa correta é a alternativa de letra (B).

> Questão 10.95 (METROREC 2005)

Um pilar, de altura igual à largura, sujeito a duas cargas concentradas idênticas apresenta uma série de fissuras conforme a Figura 10.172.

Escolha a alternativa que melhor apresenta a causa das fissuras.

Figura 10.172 – Questão 10.95

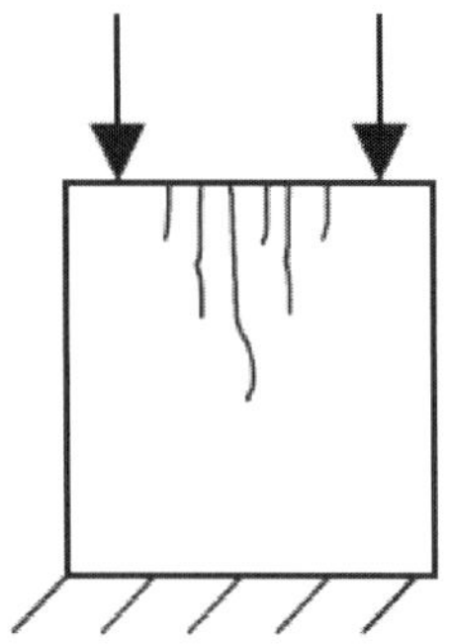

(A) Reação álcali-agregado.
(B) Retração.
(C) Armadura de compressão do pilar insuficiente.
(D) Armadura de compressão do pilar insuficiente associada com reação álcali-agregado.
(E) A armadura principal de uma viga parede insuficiente.

Resposta:

A alternativa correta é a letra (E).

Comentário:

(A) (F); *A reação álcali-agregado é um processo químico em que alguns constituintes mineralógicos do agregado reagem com hidróxidos alcalinos que estão dissolvidos na solução dos poros do concreto. Como produto da reação, forma-se um gel higroscópico expansivo. A manifestação da reação álcalis-agregado pode se dar de várias formas, desde expansões, movimentações diferenciais nas estruturas e fissurações até pipocamentos, exsudação do gel e redução das resistências à tração e compressão. Como não se tem ciência da qualidade dos agregados utilizados para o pilar da questão, não se pode afirmar que a causa da fissura seja pela reação álcali-agregado.*

(B) (F); *Retração é o fenômeno da redução do volume do concreto por meio da perda de umidade do mesmo para o ambiente. Este fenômeno pode causar danos à superfície do concreto durante a passagem da umidade para o meio exterior. O não-controle da relação água e cimento do concreto ligado a uma cura ineficiente podem causar e potencializar este problema. Entretanto, não se pode afirmar que as fissuras foram causadas por esse fenômeno, por não se saber as condições da relação água e cimento e de cura.*

(C) (F); *A armadura do pilar está associada com fenômenos de tração. O material que usualmente trabalha a compressão é o concreto.*

(D) (F); *Como descrito nos itens anteriores "A" e "C", normalmente o material responsável pela compressão é o concreto, e com a reação álcali-agregado, não se tem informação dos materias para a determinação da mesma.*

(E) (V); *Essa alternativa apresenta uma melhor explicação para as fissuras. As forças aplicadas nas extremidades do pilar fazem com que a parte de cima do mesmo fique tracionada. A falta de armadura principal naquele ponto causaria as trincas.*

Questão 10.96 (METROREC 2005)

Considere uma viga de seção retangular em concreto armado com base de 10 cm e altura útil, d, de 50 cm (altura útil é a distância do centro de gravidade da armadura tracionada até a fibra mais comprimida). A área de aço colocada foi de 4,0 cm² e o aço tem uma tensão de cálculo de 200 MPa. A resistência do concreto na ruptura, fc, é de 10 MPa (fc = 0,85fck/γc).

Considerando o cálculo simplificado pelo bloco retangular, assinale a alternativa que apresenta o momento resistente da seção da viga.

(A) 33,4 kNm.
(B) 26,8 kNm.
(C) 3,68 kNm.
(D) 36,8 kNm.
(E) 3,34 kNm.

Resposta:
A alternativa correta é a letra (D).

Figura 10.173 – Seção Retangular à Flexão simples

Comentário:
Para a viga com os dados apresentados:

d = 50 cm
bw = 10 cm
As = 4 cm²
fyd = 200 MPa = 2000 kgf/cm²
fc = 10 MPa = 100 kfg/cm²

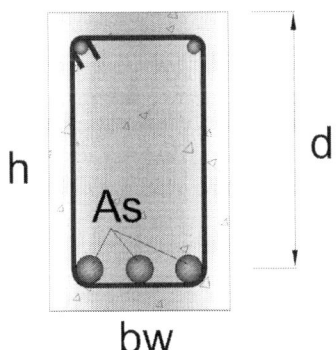

Para uma viga retangular à flexão simples e armadura simples, pode-se simplificadamente igualar o Momento resistente do concreto com o Momento resistente do aço, conforme a figura a seguir:

Sendo:

$R_{CC} = fc \cdot bw \cdot y$

$R_{TS} = As \cdot fyd$

$M_{res,CC} = fc \cdot bw \cdot y \cdot z$

$M_{res,AÇO} = fyd \cdot As \cdot z$

Figura 10.174 - Momentos resistentes

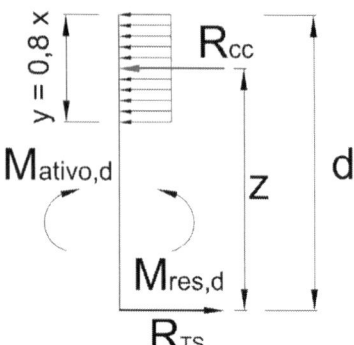

$M_{res,CC} = M_{res,AÇO} \quad \rightarrow \quad fc \cdot bw \cdot y \cdot z = fyd \cdot As \cdot z$

$y = \dfrac{fyd \cdot As}{fc \cdot bw} \quad \rightarrow \quad y = \dfrac{2000 \cdot 4}{100 \cdot 10} \quad \rightarrow \quad y = 8\,cm$

Desta forma, pode-se determinar o braço de alavanca (z) do conjugado ou binário R_{CC} e R_{TS}, ou seja:

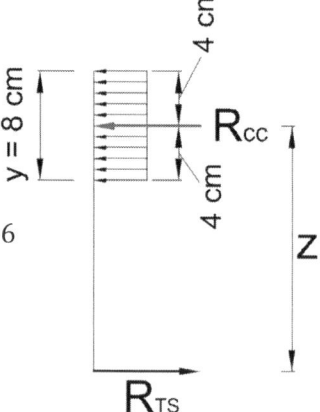

Figura 10.175 - Resultante Rcc

$z = d - \dfrac{y}{2} \quad \rightarrow \quad z = 50 - \dfrac{8}{2} \quad \rightarrow \quad z = 46\,cm$

Por definição, o momento resistente binário pode ser dado por:

$M_{res,AÇO} = fyd \cdot As \cdot z \quad \rightarrow \quad M_{res,AÇO} = 2000 \cdot 4 \cdot 46$

$M_{res,AÇO} = 368000\,kgf \cdot cm$

Em $kN \cdot m$:

$M_{res,AÇO} = 36{,}8\,kN \cdot m$

Portanto, a resposta correta é a letra (D).

Questão 10.97 (METROREC)

Com relação às madeiras e estruturas de madeira, assinale a alternativa *incorreta*.

(A) A resistência à compressão normal às fibras é maior que a resistência à compressão paralela às fibras.
(B) As peças de madeira têm comprimento limitado pelo tamanho das árvores e meios de transporte.

(C) As ligações estruturais de peças de madeira podem ser feitas por: cola; pregos; pinos; parafusos; conectores e entalhes.
(D) As madeiras têm boa resistência à tração na direção das fibras.
(E) As colunas de madeira podem ser de madeira roliça ou composta por elementos contínuos e justapostos.

Resposta:
A alternativa correta é a letra (A).

Comentário:
Em se tratando de madeira estrutural, deve-se utilizar a compressão paralela às fibras, pois quando as forças agem paralelamente ao comprimento das células, estas reagem em conjunto conferindo uma grande resistência da madeira a compressão. No caso da compressão normal, as fibras da madeira apresentam resistências menores que na compressão paralela, pois a força é aplicada na direção normal ao comprimento das células, na qual possuem baixa resistência. Geralmente a resistência à compressão normal à fibra é de um quarto da resistência paralela.

$fc90d$ = Resistência de cálculo à compressão normal às fibras.

$fc0d$ = Resistência de cálculo à compressão paralela às fibras.

$fcd90d = 0,25 \, fc0d \, \alpha_n$

$1 \leq \alpha_n \leq 2 \rightarrow$ função da extensão da carga normal às fibras

10.2.7 POLÍCIA CIVIL DE MINAS GERAIS
Exercer um cargo de grande importância para a segurança da sociedade é de imensa responsabilidade e compromisso. Geralmente em período regular, a Policia Civil de Minas Gerais abre concursos para a área de Engenharia Civil.

- Salário médio de **R$ 2.541,52 (dois mil e quinhentos e quarenta e um reais e cinquenta e dois centavos)**
- Jornada de trabalho: 40 horas semanais;
- Forma de Contratação: Estatutário;
- O profissional atua como Analista da Policia Civil.

Prova Tipo A

> **Questão 10.98 (Polícia Civil MG 2013)**

Em relação ao ensaio de tração simples, para hastes ou barras de aço, **NÃO** é correto afirmar:

(A) A tensão que produz a cedência é chamada limite de escoamento do material.
(B) A diminuição da seção transversal da barra de aço está associada à sua tração.
(C) Durante este ensaio, a cedência apresentada pelo corpo de prova é o aumento da deformação com tensão constante.
(D) Um diagrama de tensão-transformação, obtido a partir do ensaio, reflete o comportamento do aço sob o efeito de cargas dinâmicas.

Resposta:
A alternativa incorreta é a letra (D).

Comentário:
(A) (V); *A partir dessa tensão, o material escoa, ou seja, continua a sofrer deformação ao longo do tempo sem que seja aplicada uma tensão; se houver acréscimo de tensão o material não segue mais a Lei de Hooke e começa a sofrer deformação plástica.*
(B) (V); *Uma peça sujeita ao esforço de tração ao longo do tempo vai se deformando. Esta deformação consiste no aumento do comprimento da peça e na diminuição do diâmetro da mesma.*
(C) (V); *A cedência ou escoamento consiste no aumento da deformação da peça com o passar do tempo sem que seja aumentada a tensão aplicada.*
(D) (F); *Durante o ensaio as cargas aplicadas não são dinâmicas. Cargas dinâmicas são aplicadas subitamente nas estruturas, com o seu valor máximo podendo ser intermitente ou oscilante. A aplicação de carga no ensaio é gradual.*

> **Questão 10.99 (Polícia Civil MG 2013)**

A construção de treliças metálicas exige a execução de ligações, ou nós, entre as peças. NÃO se pode dizer que:

(A) nas treliças soldadas, as chapas podem ser ligadas entre si diretamente, sem chapa auxiliar.
(B) nas treliças de grande porte, utilizadas em pontes, os nós são feitos, em geral, com parafusos de alta resistência.
(C) no projeto das ligações das barras de treliça, os eixos das barras devem ser concorrentes a um ponto.

(D) o momento resultante de ligações excêntricas não deve ser levado em conta no dimensionamento da ligação.

Resposta:

A alternativa incorreta é a letra (D).

Comentário:

(A) (V); *O processo de soldagem consiste na união dos materiais. Dessa forma, é dispensado o uso de chapa de ligações.*
(B) (V); *São utilizados parafusos de alta resistência, pois devido ao aperto da porca é gerado uma força de compressão tão alta, que pelo atrito, as chapas não se movimentam entre si.*
(C) (V); *Na figura abaixo é mostrado um exemplo de como deve ser feita esta ligação. As ligações das barras são feitas por um ponto em que o eixo das mesmas são concorrentes.*

Figura 10.176 – Encontro dos eixos das barras

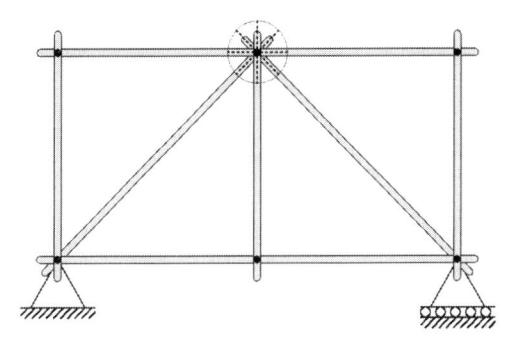

(D) (F); *O momento resultante das ligações deve ser considerado no dimensionamento das ligações.*

Questão 10.100 (Polícia Civil MG 2013)

Fissuras presentes em peças de concreto armado são provocadas pela distribuição das cargas pela estrutura e, quando paralelas à direção do esforço, aparecendo praticamente com o estado de colapso da peça estrutural, normalmente são provocadas por esforços:

(A) de flexão.
(B) cortantes.
(C) de tração.
(D) de compressão.

Resposta:

A alternativa correta é a letra (D).

Comentário:

(A) (F); *Fissuras provocadas por esforços de flexão: normalmente aparecem na parte inferior, apresentam um traçado vertical geralmente no meio do vão, onde na maioria das vezes se concentra o maior momento, mas elas podem surgir na parte superior da viga ou em zonas próximas do apoio, combinadas com esforço cortante na zona inferior da viga e com traçado inclinado a 45°;*

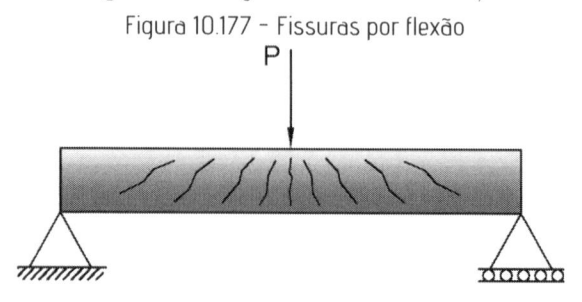

Figura 10.177 - Fissuras por flexão

(B) (F); *Fissuras provocadas por esforços cortantes: são normalmente inclinadas em torno de 45° e próximas aos apoios, nos quais se concentra o maior esforço cortante;*

Figura 10.178 - Fissuras por esforço cortante

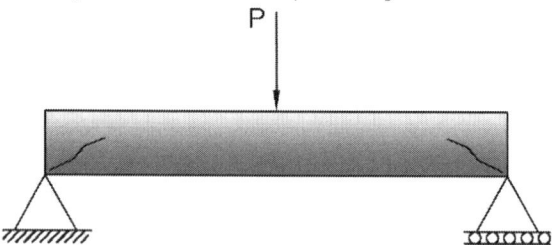

(C) (F); *Fissuras provocadas por esforços de tração: são fissuras perpendiculares à direção do esforço;*

Figura 10.179 - Fissura por tração

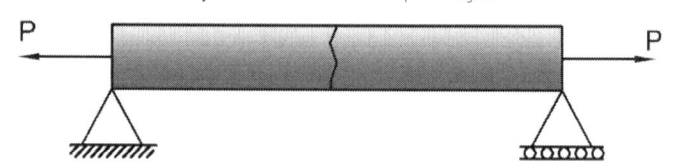

(D) (V); *Fissuras provocadas por esforços de compressão: são fissuras paralelas à direção do esforço e oferecem grande perigo, pois sua aparição coincide praticamente com o estado de limite último (ELU) da peça estrutural, são fissuras finas e estão juntas;*

Figura 10.180 - Fissura por compressão

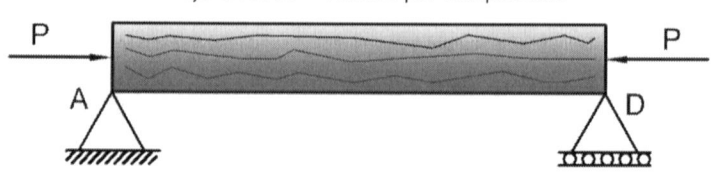

APÊNDICES

APÊNDICE 1
Quadro de correspondência de questões

Questões do livro	Número correspondente a prova original	Gabarito
Questão 10.1 (ENADE 2011)	16	E
Questão 10.2 (ENADE 2011)	21	E
Questão 10.3 (ENADE 2011)	34	B
Questão 10.4 (ENADE 2008)	21	B
Questão 10.5 (ENADE 2008)	33	E
Questão 10.6 (ENADE 2008)	47	B
Questão 10.7 (ENADE 2008)	44	B
Questão 10.8 (ENADE 2005)	15	C
Questão 10.9 (ENADE 2005)	28	C
Questão 10.10 (ENADE 2005)	30	A
Questão 10.11 (ENADE 2011)	20	D
Questão 10.12 (ENADE 2011)	28	B
Questão 10.13 (ENADE 2011)	30	E
Questão 10.14 (ENADE 2008)	24	D
Questão 10.15 (ENADE 2005)	22	C
Questão 10.16 (ENADE 2005)	23	A
Questão 10.17 (ENADE 2011)	18	C
Questão 10.18 (ENADE 2011)	25	A
Questão 10.19 (ENADE 2011)	27	E
Questão 10.20 (ENADE 2008)	12	A
Questão 10.21 (ENADE 2008)	13	B
Questão 10.22 (ENADE 2008)	14	A

Questões do livro	Número correspondente a prova original	Gabarito
Questão 10.23 (ENADE 2008)	15	C
Questão 10.24 (ENADE 2008)	16	D
Questão 10.25 (ENADE 2008)	31	C
Questão 10.26 (ENADE 2008)	35	A
Questão 10.27 (ENADE 2008)	36	A
Questão 10.28 (ENADE 2008)	37	D
Questão 10.29 (ENADE 2005)	11	B
Questão 10.30 (ENADE 2005)	13	C
Questão 10.31 (ENADE 2005)	26	E
Questão 10.32 (ENADE 2005)	27	D
Questão 10.33 (ENADE 2005)	34	C
Questão 10.34 Discursiva (ENADE 2011)	QD3	Resposta padrão
Questão 10.35 Discursiva (ENADE 2005)	QD5	Resposta padrão
Questão 10.36 Discursiva (ENADE 2011)	QD4	Resposta padrão
Questão 10.37 (Petrobrás 2012)	21	A
Questão 10.38 (Petrobrás 2012)	22	D
Questão 10.39 (Petrobrás 2012)	23	D
Questão 10.40 (Petrobrás 2012)	41	C
Questão 10.41 (Petrobrás 2012)	42	E
Questão 10.42 (Petrobrás 2012)	36	A
Questão 10.43 (Petrobrás 2012)	37	E
Questão 10.44 (Petrobrás 2012)	39	A
Questão 10.45 (Petrobrás 2012)	40	E
Questão 10.46 (Petrobrás 2011)	26	C
Questão 10.47 (Petrobrás 2011)	41	C
Questão 10.48 (Petrobrás 2011)	42	A
Questão 10.49 (Petrobrás 2011)	43	D
Questão 10.50 (Petrobrás 2010)	11	D
Questão 10.51 (Petrobrás 2010)	15	C
Questão 10.52 (Petrobrás 2010)	17	D

Questões do livro	Número correspondente a prova original	Gabarito
Questão 10.53 (Petrobrás 2010)	18	B
Questão 10.54 (Petrobrás 2010)	60	A
Questão 10.55 (Petrobrás 2010)	61	C
Questão 10.56 (Petrobrás 2010)	62	D
Questão 10.57 (Petrobrás 2010)	63	B
Questão 10.58 (Petrobrás 2010)	64	D
Questão 10.59 (Petrobrás 2006)	45	A
Questão 10.60 (Petrobrás 2006)	46	C
Questão 10.61 (Petrobrás 2006)	56	A
Questão 10.62 (Petrobrás 2006)	57	C
Questão 10.63 (Petrobrás 2006)	58	A
Questão 10.64 (Petrobrás 2005)	21	D
Questão 10.65 (Petrobrás 2005)	22	A
Questão 10.66 (Petrobrás 2005)	28	C
Questão 10.67 (Petrobrás 2005)	40	A
Questão 10.68 (Petrobrás 2005)	41	E
Questão 10.69 (Petrobrás 2005)	21	B
Questão 10.70 (Petrobrás 2005)	56	E
Questão 10.71 (Petrobrás 2005)	57	D
Questão 10.72 (Petrobrás 2005)	58	D
Questão 10.73 (Petrobrás 2005)	62	D
Questão 10.74 (PBH 2012)	36	B
Questão 10.75 (PBH 2012)	37	C
Questão 10.76 (PBH 2012)	38	D
Questão 10.77 (PBH 2012)	39	D
Questão 10.78 (PBH 2012)	40	C
Questão 10.79 (PBH 2012)	48	A
Questão 10.80 (PBH 2012)	49	C
Questão 10.81 (ANAC 2007)	56	A
Questão 10.82 (ANAC 2007)	59	A

Questões do livro	Número correspondente a prova original	Gabarito
Questão 10.83 (ANAC 2007)	61	A
Questão 10.84 (ANAC 2007)	62	D
Questão 10.85 (ANAC 2007)	63	C
Questão 10.86 (INFRAERO 2011)	37	D
Questão 10.87 (INFRAERO 2011)	39	E
Questão 10.88 (INFRAERO 2011)	41	A
Questão 10.89 (INFRAERO 2011)	42	E
Questão 10.90 (INFRAERO 2011)	47	B
Questão 10.91 (TRT 2012)	52	D
Questão 10.92 (TRT 2012)	59	E
Questão 10.93 (TRT 2012)	69	D
Questão 10.94 (METROREC 2005)	21	B
Questão 10.95 (METROREC 2005)	28	E
Questão 10.96 (METROREC 2005)	30	D
Questão 10.97 (METROREC)	31	A
Questão 10.99 (Polícia Civil MG 2013)	39	D
Questão 10.99 (Polícia Civil MG 2013)	54	D
Questão 10.100 (Polícia Civil MG 2013)	58	D

APÊNDICE 2
Dúvidas usuais sobre concursos.

1. O que é regime CLT?
CLT significa "Consolidação das Leis do Trabalho". Este regime é uma norma legislativa de regulamentação das leis referentes ao Direito do Trabalho e do Direito Processual do Trabalho no país, conforme o Decreto-Lei nº 5.452/43.

Este regime é típico das empresas privadas, ou seja, o servidor não possui estabilidade profissional (garantia de emprego) e sua aposentadoria, através do INSS, respeita um teto geralmente de R$ 4.662,00. As principais vantagens estão relacionadas aos benefícios (décimo terceiro, vale-transporte, alimentação, direito ao FGTS, entre outros). O aumento salarial pode ser definido por meio de negociação coletiva ou premiações adquiridas com o tempo, como o quinquênio.

2. O que é regime Estatutário?
Conforme a lei 8.112 de 1990, o Regime jurídico estatutário federal ou simplesmente regime estatutário está ligado diretamente à administração pública (federal, estadual ou municipal) que dita às regras de admissão, atividades e carreira de cargo público de instituição/órgão de qualquer poder estatal.

A principal vantagem deste regime de contratação é a estabilidade profissional, além de contar com a aposentadoria relacionada ao valor integral do salário. A maior desvantagem deste regime é o aumento salarial, que só deve ser reajustado por aprovação de lei ou por medida provisória.

3. O que é estágio Probatório?
O estágio probatório é o período em que o servidor que foi aprovado pelo concurso público passa por um processo de avaliação no cargo, podendo ser efetivado ou não. Este estágio possui a duração de 36 meses, conforme a Lei nº 8.112/90.

4. O que é regime de periculosidade?
É o regime relacionado às funções dos profissionais em um ambiente que implica no contato permanente com explosivos ou inflamáveis, radiações e atividade de eletricidade em condições de risco determinada pelo Ministério do Trabalho. O servidor que exerce sua profissão em regime de periculosidade recebe um adicional sobre o salário sem os acréscimos resultantes de gratificações ou prêmios.

Um exemplo de profissional que se beneficia do regime de periculosidade é o Engenheiro que trabalha nas plataformas petroleiras da Petrobrás. Esses profissionais recebem o acréscimo adicional do seu salario de 30%, conforme o Decreto-Lei n.º 5.452/43.

5. Vale a pena fazer o concurso público?

Depende! Existem cargos ofertados por concursos que a remuneração é abaixo do salário mínimo do engenheiro. Nestes casos, o concurso é para analista de engenharia, embora o concursado irá atuar em atividades correlatadas a de um engenheiro. Em outros casos, como por exemplo a ANAC, além de oferecer salários compatíveis como de empresas privadas, o regime de contratação é Estatutário (o que garante uma estabilidade profissional). Existem situações, no entanto, em que os salários iniciais são baixos, porém, é possível fazer carreira e evoluir tanto profissionalmente quanto financeiramente no decorrer do tempo. É o caso de concursos como: DER, DNIT, entre outros. Logo, tudo depende das características de cada cargo e da autarquia relacionada.

6. Quais são os melhores concursos para engenheiro civil do país?

Os melhores concursos para engenheiro civil são os federais, como o Ministério do Planejamento (salário do último concurso R$9.980,25), DNIT (salário do último concurso R$ 7.815,81) e Analista Legislativo do Senado (salário do último concurso R$ 18.440,64). Existem outros concursos interessantes, como o da Petrobras. No caso da Petrobras, também é possível atuar na área de pesquisa e inovação tecnológica.

7. As universidades públicas possuem concursos para engenheiro civil?

Geralmente sim! Os profissionais atuam principalmente com fiscalização, planejamento e gerenciamento de obras civis, auxiliando, portanto, na manutenção e construção de novos empreendimentos civis. A UFMG, por exemplo, no projeto CAMPUS 2000, triplicou o número de edificações no campus principal nos últimos 10 anos. Para tanto, foi necessário uma equipe de engenheiros fiscais da UFMG para gerenciar as empreiteiras.

8. Quais são os principais concursos para engenheiros civis?

Saneamento:
Companhias de saneamento básico, como a COPASA, CAESB, SAAE, SABESP, entre outras.

Infraestrutura:
DNIT, DER, CEMIG, Prefeituras de cidades, Infraero, Petrobras, CBTU, Conab, entre outros.

Administrativo e logística:
Policia Civil, TRT, INSS, ANAC, Anatel, Ministério do Planejamento Nacional, Caixa, entre outros.

9. Onde eu posso encontrar as questões dos concursos públicos?

Existem vários recursos para encontrar questões de concursos públicos. Uma excelente opção é pesquisar nos links dos principais órgãos responsáveis pela organização dos concursos públicos. Abaixo são listados alguns destes links:

- FUMARC – www.fumarc.com.br/concursos
- CESGRANRIO – www.cesgranrio.org.br/concursos/principal.aspx
- CESPE – www.cespe.unb.br/concursos/
- GRUPO ATEME – www.grupoatame.com.br/concurso/
- INCP – www.incp.org.br/concursos.aspx
- IUDS – www.iuds.org.br/
- CONCURSOS FCC – www.concursosfcc.com.br/concursoAndamento.html
- FUNDAÇÃO UNIVERSA – inscricao.universa.org.br/
- FGV – www.fgvprojetos.fgv.br/concursos

10. Você me daria alguma dica geral?

Caso pense em fazer concurso público ou caso o mercado de engenharia não esteja muito bom, sugiro se preparar para as provas dos concursos públicos e realizar testes relacionados a eles desde o ciclo básico da graduação em Engenharia.

REFERÊNCIAS

ASSOCIAÇÃO BRASILEIRA DE NORMAS TÉCNICAS. **NBR 6118:** Projeto de estruturas de concreto – Procedimento. 3.ed. Rio de Janeiro: ABNT, 2014.

BRASIL ARTE ENCICLOPÉDIA, **Cristã Primitiva, apontamentos sobre Arquitetura**, Disponível em: < http://www.brasilartesenciclopedias.com.br/temas/crista_primitiva.html> Acesso: em 22 out. 2014.

BRASIL, Decreto-Lei nº 5.452, de 1º de maio de 1943, **Dispõe sobre Consolidação das Leis do Trabalho**. Diário Oficial da União, Rio de Janeiro, 1 de mai. 1943. Disponível em: <http://www.planalto.gov.br/ccivil_03/decreto-lei/del5452.htm>. Acesso em: 24 out. 2014.

BRASIL, Lei nº 8.112, de 11 dezembro de 1990, **Dispõe sobre o regime jurídico dos servidores públicos civis da União, das autarquias e das fundações públicas federais.** Diário Oficial da União, Brasília, 11 de dez. de 1990. Disponível em: <http://www.planalto.gov.br/ccivil_03/leis/l8112cons.htm>. Acesso em: 24 out. 2014.

BRASIL, Instituto Nacional de Estudos e Pesquisas Educacionais Anísio Teixeira. **Provas e Gabaritos ENADE 2011,** Brasília. Disponível em: <http://portal.inep.gov.br/web/guest/enade/provas-e-gabaritos-2011> Acesso: em 01 ago. 2014.

BRASIL, Instituto Nacional de Estudos e Pesquisas Educacionais Anísio Teixeira. **Provas e Gabaritos ENADE 2008,** Brasília. Disponível em: <http://portal.inep.gov.br/web/guest/enade/provas-e-gabaritos-2008> Acesso: em 01 ago. 2014.

BRASIL, Instituto Nacional de Estudos e Pesquisas Educacionais Anísio Teixeira. **Provas e Gabaritos ENADE 2005,** Brasília. Disponível em: <http://portal.inep.gov.br/web/guest/enade/provas-e-gabaritos-2005> Acesso: em 01 ago. 2014.

DGRH, Unicamp, **Periculosidade**, 16 de setembro de 2013. Disponível em: <http://www.dgrh.unicamp.br/produtos-e-servicos/periculosidade> Acesso em: 24 out. 2014.

FUMARC, **Prova Engenheiro Civil, Policia Civil Minas Gerais, 2013**. Disponível em: <http://www.fumarc.com.br/concursos/detalhe/medico-legista--perito-criminal--analista--tecnico-assistente/68> Acesso: em 01 ago. 2014.

GRANDES VÃOS, **Estruturas em arco, 2014**, Disponível em: < http://grandes-vaosn6a.blogspot.com.br/2014/03/grupo-06-sobre-estruturas-emarco.html> Acesso: em 07 out. 2014.

HISTORIA DA ARTE, **Panteão**, Disponível em: <http://historiadaarte.pbworks.com/w/page/18413911/Pante%C3%A3o> Acesso: em 07 out. 2014.

PCI CONCURSOS, **Prova Engenheiro Civil Júnior, Petrobrás 2012**, Disponível em: <http://www.pciconcursos.com.br/provas/download/engenheiro-civil-junior-petrobras-cesgranrio-2012> Acesso: em 01 ago. 2014.

PCI CONCURSOS, **Prova Engenheiro de Equipamentos Júnior Mecânica, Petrobrás 2012**, Disponível em: <http://www.pciconcursos.com.br/provas/download/engenheiro-de-equipamentos-junior-mecanica-petrobras-cesgranrio-2012> Acesso: em 01 ago. 2014.

PCI CONCURSOS, **Prova Engenheiro Civil Júnior, Petrobrás 2011**, Disponível em: <http://www.pciconcursos.com.br/provas/download/engenharia-civil-junior-petrobras-distribuidora-cesgranrio-2011 > Acesso: em 01 ago. 2014.

PCI CONCURSOS, **Prova Engenheiro Civil Júnior, Petrobrás 2010**, Disponível em: <http://www.pciconcursos.com.br/provas/download/engenheiro-civil-junior-petrobras-cesgranrio-2010> Acesso: em 01 ago. 2014.

PCI CONCURSOS, **Prova Engenheiro Civil Pleno, Petrobrás 2006**, Disponível em: <http://www.pciconcursos.com.br/provas/download/engenheiro-civil-pleno-petrobras-cesgranrio-2006> Acesso: em 01 ago. 2014.

PCI CONCURSOS, **Prova Engenheiro Civil Júnior, Petrobrás 2005**, Disponível em: <http://www.pciconcursos.com.br/provas/download/engenheiro-civil-junior-petrobras-cesgranrio-2005> Acesso: em 01 ago. 2014.

PCI CONCURSOS, **Prova Engenheiro Civil Pleno, Petrobrás 2005**, Disponível em: <http://www.pciconcursos.com.br/provas/download/engenheiro-civil-pleno-petrobras-cesgranrio-2005> Acesso: em 01 ago. 2014.

PCI CONCURSOS, **Prova Engenheiro Civil, Prefeitura de Belo Horizonte 2012**, SLU Concurso Público / Edital n. 01/2011. Disponível em: <http://www.pciconcursos.com.br/provas/download/engenharia-civil-prefeitura-belo-horizonte-mg-fundep-2012> Acesso: em 01 ago. 2014.

PCI CONCURSOS, **Prova Engenheiro Civil, Prefeitura de Belo Horizonte 2012**, Concurso Público / Edital n. 06/2011. Disponível em: <http://www.pciconcursos.com.br/provas/download/engenheiro-civil-prefeitura-belo-horizonte-mg-fundep-2012> Acesso: em 01 ago. 2014.

PCI CONCURSOS, **Prova Engenheiro Civil CIVE, ANAC 2007**. Disponível em: <http://www.pciconcursos.com.br/provas/download/engenharia-civil-cive-anac-nce-ufrj-2007> Acesso: em 01 ago. 2014.

PCI CONCURSOS, **Prova Engenheiro Civil Estruturas/Edificações, INFRAERO 2011**. Disponível em: <http://www.pciconcursos.com.br/provas/download/analista-superior-iv-engenheiro-civil-estruturas-e-edificacoes-infraero-fcc-2011> Acesso: em 01 ago. 2014.

PCI CONCURSOS, **Prova Analista Judiciário – Especialidade Engenharia Civil 2012, TRT**. Disponível em: <http://www.pciconcursos.com.br/provas/download/analista-judiciario-engenheiro-civil-trt-4-fcc-2012> Acesso: em 01 ago. 2014.

PIANCASTELLI, Élvio Mosci, **Fundações Superficiais,** Dimensionamento. Belo Horizonte, UFMG, 2007.

PORTO, Thiago Bomjardim, **Mecânica dos Sólidos:** Propriedades Geométricas da Seção Transversal de Figuras Planas. Belo Horizonte, FUMARC, 2014. (Coleção na Prática, Módulo 1)

PORTO, Thiago Bomjardim, **Mecânica dos Sólidos:** Introdução À Análise Estrutural. Belo Horizonte, FUMARC, 2014. (Coleção na Prática, Módulo 2)

PORTO, Thiago Bomjardim, **Mecânica dos Sólidos:** Tensão e Deformação em Elementos Lineares; Lei de Hooke. Belo Horizonte, FUMARC, 2014. (Coleção na Prática, Módulo 3)

PORTO, Thiago Bomjardim, **Mecânica dos Sólidos:** Torção. Belo Horizonte, FUMARC, 2014. (Coleção na Prática, Módulo 4)

PORTO, Thiago Bomjardim, **Mecânica dos Sólidos:** Flexão e Projeto de Vigas. Belo Horizonte, FUMARC, 2014. (Coleção na Prática, Módulo 5)

PORTO, Thiago Bomjardim, **Mecânica dos Sólidos:** Cisalhamento em Elementos Lineares. Belo Horizonte, FUMARC, 2014. (Coleção na Prática, Módulo 6)

PORTO, Thiago Bomjardim, **Mecânica dos Sólidos:** Transformações de Tensão e Suas Aplicações. Belo Horizonte, FUMARC, 2014. (Coleção na Prática, Módulo 7)

PORTO, Thiago Bomjardim, **Mecânica dos Sólidos:** Deflexão em Vigas. Belo Horizonte, FUMARC, 2014. (Coleção na Prática, Módulo 8)

PORTO, Thiago Bomjardim, **Mecânica dos Sólidos:** Flambagem em Colunas e Projeto de Pilares. Belo Horizonte, FUMARC, 2014. (Coleção na Prática, Módulo 9)

PORTO, Thiago Bomjardim, **Mecânica dos Sólidos:** Métodos de Energia. Belo Horizonte, FUMARC, 2014. (Coleção na Prática, Módulo 10)